T0123776

Die Wildnis und wir

Georg Gellert

Die Wildnis und wir

Geschichten von Intelligenz, Emotion und
Leid im Tierreich

 Springer

Georg Gellert
Bonn, Deutschland

ISBN 978-3-662-68030-8   ISBN 978-3-662-68031-5   (eBook)
https://doi.org/10.1007/978-3-662-68031-5

Die Deutsche Nationalbibliothek verzeichnet diese Publikation in der Deutschen Nationalbibliografie; detaillierte bibliografische Daten sind im Internet über http://dnb.d-nb.de abrufbar.

© Der/die Herausgeber bzw. der/die Autor(en), exklusiv lizenziert an Springer-Verlag GmbH, DE, ein Teil von Springer Nature 2023

Das Werk einschließlich aller seiner Teile ist urheberrechtlich geschützt. Jede Verwertung, die nicht ausdrücklich vom Urheberrechtsgesetz zugelassen ist, bedarf der vorherigen Zustimmung des Verlags. Das gilt insbesondere für Vervielfältigungen, Bearbeitungen, Übersetzungen, Mikroverfilmungen und die Einspeicherung und Verarbeitung in elektronischen Systemen.
Die Wiedergabe von allgemein beschreibenden Bezeichnungen, Marken, Unternehmensnamen etc. in diesem Werk bedeutet nicht, dass diese frei durch jedermann benutzt werden dürfen. Die Berechtigung zur Benutzung unterliegt, auch ohne gesonderten Hinweis hierzu, den Regeln des Markenrechts. Die Rechte des jeweiligen Zeicheninhabers sind zu beachten.
Der Verlag, die Autoren und die Herausgeber gehen davon aus, dass die Angaben und Informationen in diesem Werk zum Zeitpunkt der Veröffentlichung vollständig und korrekt sind. Weder der Verlag noch die Autoren oder die Herausgeber übernehmen, ausdrücklich oder implizit, Gewähr für den Inhalt des Werkes, etwaige Fehler oder Äußerungen. Der Verlag bleibt im Hinblick auf geografische Zuordnungen und Gebietsbezeichnungen in veröffentlichten Karten und Institutionsadressen neutral.

Planung/Lektorat: Stefanie Wolf
Springer ist ein Imprint der eingetragenen Gesellschaft Springer-Verlag GmbH, DE und ist ein Teil von Springer Nature.
Die Anschrift der Gesellschaft ist: Heidelberger Platz 3, 14197 Berlin, Germany

Das Papier dieses Produkts ist recyclebar.

Danksagung

Ich möchte nicht vergessen, meiner Frau Teresa Parada-Gellert für alles zu danken, was sie mir während der Schreibphase abnahm. Herrn Markus Borgert danke ich für sein Interesse und Zuspruch dieses Werk zu verfassen.

Inhaltsverzeichnis

Über den Autor

Herr Dr. Georg Gellert, geboren 1949 in Brasilien, absolvierte zunächst das Studium der Agrarwissenschaften in Bonn, dann folgte die Hinwendung zur Ökologie über den Weg einer Dissertation. Bis zur Erreichung der Altersgrenze arbeitete er dann in verschiedenen oberen Landesbehörden des Landes Nordrhein-Westfalen (zuletzt im Landesumweltamt) auf dem Gebiet der Wasserwirtschaft. Derzeit wirkt er in einer anerkannten Naturschutzorganisation mit, auch um junge Leute für das Thema „Gewässerökologie" zu begeistern. Im Verlauf seiner Laufbahn veröffentlichte er 42 wissenschaftliche Arbeiten in nationalen und internationalen Fachzeitschriften, bevorzugt zu den Themen „Schadstoffe im Wasser" und „ökologischen Zustand von wasserabhängigen Ökosystemen".

Kapitel 1
Über dieses Buch

Zusammenfassung In der wissenschaftlichen Literatur gibt es viel Neues zum Wildtierleben, über das sich zu berichten lohnt. In der Regel wurde für dieses Vorhaben das Leben im Freiland beobachtet und ausgewertet. Experimente in geschlossenen Arealen spielen eine geringere Rolle, weil ihre Aussagekraft begrenzt ist. Anatomische Merkmale wurden bei der Interpretation von intelligentem Verhalten nicht herangezogen, da auch sie nach Meinung vieler Wissenschaftler nicht viel zum Verständnis beitragen. Auf Haus- und Versuchstiere wurde verzichtet, weil sie durch den langen Umgang mit den Menschen ihr ursprüngliches Wesen eingebüßt haben.

Während ich über dieses Buch noch vor seiner Entstehung nachdachte, fiel mir folgender Satz ein: „Es gibt keine Situation, die tragischer für die Menschheit sein könnte als zu wissen, dass sie in Koexistenz mit Tieren auf diesem Planeten lebt, mit denen sie auch vieles teilt, aber mit denen keine Kommunikation möglich ist [1]. Damit war die Triebfeder, dieses Buch zu schreiben, gefunden. Die Frage für mich war nun, was sagt die neueste wissenschaftliche Literatur dazu?

Ein eher erzählendes Sachbuch über Wildtiere zu schreiben hatte aber für mich noch ein anderes Motiv. Wildtiere haben mich während meines gesamten Berufslebens begleitet. Es waren in der Regel Insekten, die mir als Bioindikatoren zur Beurteilung des ökologischen Zustandes von Fließgewässern dienten. Die Gegenwart (und auch Abwesenheit) von empfindlichen Arten sagten mir mehr über den ökologischen Zustand eines Gewässers aus als chemische Daten es je gekonnt hätten, weil letztere nur den Zustand im Augenblick der Probenahme abbilden. Auf diese Weise habe ich eine fast liebevolle Beziehung zur Tierwelt aufgebaut.

Das Anzeigen eines ökologischen Zustands hat aber noch nichts mit den Fähigkeiten von Wildtieren zu tun. Über dieses Thema bin ich erst „gestolpert", als ich über die Medien von einem Versuch mit Fischen und Affen erfahren hatte. Beiden Arten wurden in regelmäßigen Zeitabständen zwei Schalen mit Futter vorgesetzt, wobei eine (immer die Gleiche) nach einer kurzen Zeit wieder entfernt worden ist (unabhängig vom Füllstand). Jetzt könnte man meinen, dass intelligente Tiere dies schnell bemerken und zunächst die Schale leeren, die bald wieder weg sein wird

© Der/die Autor(en), exklusiv lizenziert an Springer-Verlag GmbH, DE, ein Teil von Springer Nature 2023
G. Gellert, *Die Wildnis und wir: Geschichten von Intelligenz, Emotion und Leid im Tierreich*, https://doi.org/10.1007/978-3-662-68031-5_1

und sich erst dann der anderen Futterquelle zuwenden. Dies war auch der Fall, aber die „Schlaueren" waren in diesem Fall nicht die Affen, sondern die Fische. Welch eine Überraschung! Dieses Experiment findet sich übrigens unter https://www.tagblatt.ch/leben/im-test-die-affen-ubertrumpft-so-intelligent-sind-fische-ld.1523384.

Der Ausgang dieses Experimentes machte mich nun so neugierig, dass ich in den internationalen Literaturdatenbanken nach weiteren und vor allem nach brandneuen spannenden Versuchen zu den Eigenschaften und zu der Intelligenz von Wildtieren gefahndet habe, um sie hier vorzustellen. Vielleicht hilft dieser Aufwand uns dabei auch, unsere Mitbewohner auf diesem Planeten noch besser kennen und schätzen zu lernen. Das gilt auch für die Tiefpunkte in ihrem Dasein, das Leid dieser Tiere wird hier eine größere Rolle spielen. Wir können froh sein, als Mensch der Wildnis entronnen zu sein.

Um sich diesen Themen zu nähern, muss aber erst geklärt werden, was unter Eigenschaften und Intelligenz überhaupt verstanden wird. Bei dieser Betrachtung wurde mit Absicht auf Haus- und Versuchstiere verzichtet, da sie durch den langen Umgang mit den Menschen ihr ursprüngliches Wesen längst weitgehend verloren haben.

Die Forschung der „tierischer Intelligenz" wurde von Charles Darwin [2] begonnen. Später wurde dann festgestellt [3], dass Tiere nicht nur Instinkte besitzen, sondern auch Fähigkeiten zum logischen Denken haben.

Interessant ist noch zu erfahren, wie viele wilde höher entwickelte Tiere es auf unserem Planeten gibt? Schätzungen von [4] gehen davon aus, dass 700 Mrd. wilde Vögel und Säugtiere die Erde mit uns teilen. Das entspricht etwa das 25fache der Zahl dieser Tiere in Gefangenschaft. Würden Fische, Amphibien, Reptilien und Invertebraten (wie Insekten) noch mitgezählt, gäbe es tausend Male mehr wilde Tiere als solche in Gefangenschaft.

Dieses Buch basiert nur auf wissenschaftlichen Beobachtungen und Interpretationen und sollen die Leser zum Staunen anregen. Die Hoffnung ist auch, dass je mehr wir über unsere Mitbewohner dieses Planeten erfahren, desto schwer wird es uns fallen, ihn komplett aus Gier zu zerstören.

Anatomische Unterschiede im Gehirnbereich zur Klärung von Intelligenzfragen wurden mit Absicht nicht beachtet, weil es dem Leser nicht viel hilft und die Wissenschaft selbst zugibt, bei der Interpretation von rationaler Intelligenz, dem Gehirn und/oder seine Areale, oft zu viel Bedeutung beizumessen. Die Gehirngröße wurde zum Beispiel oft als Parameter für rationale Intelligenz benutzt. Es bleibt bis heute aber unklar, wie die rationale Intelligenz sich tatsächlich entwickelt hat. Einige Hypothesen wurden aufgestellt, um die Entwicklung einer höheren geistigen Fähigkeit, gekoppelt mit größeren Gehirnen beim Menschen, Primaten und andere Arten, zu erklären. Aber bis heute sind nur wenige Hypothesen übrig geblieben. Es ist wichtig hervorzuheben, dass diese Hypothesen nicht exklusiv zu betrachten sind, sondern dass wahrscheinlich viele Faktoren sich auf die Evolution der rationalen Intelligenz auswirken [5].

Das Verstehen des tierischen Verhaltens ist keine einfache Aufgabe. Warum sind Wildtiere in der Lage das zu tun, was sie tun? Was sind die

Herausforderungen, die zur Folge haben zu tun, was sie tun? Können sie auch denken [6]?

Für die Suche nach den neuesten wissenschaftlichen Studien auf dem Gebiet der „Wildtiere" wurden folgende Literaturdatenbanken für dieses Sachbuch ausgewertet: Google Scholar, PubMed und Web of Science. Als Ergebnis dieser Recherche wurden für dieses Buch 391 Studien herangezogen.

Literatur

1. Lévi-Strauss C, Eribon D (2009) De près et de loin. Odile Jacob, S 189
2. Darwin C (1953) Origin of man and sexual selection. Selected Works (Akad. Nauk SSSR, Moscow), 5:120–656
3. Zorina ZA (2005) Animal intelligence: Laboratory experiments and observations in nature. Entomol Rev 85(Suppl 1):42–54
4. Moen OM (2016) The ethics of wild animal suffering. Etikk i praksis-Nordic Journal of Applied Ethics 1:91–104
5. Holekamp KE, Benson-Amram S (2017) The evolution of intelligence in mammalian carnivores. Interface Focus 7(3):20160108
6. Rumbaugh DM, Washburn DA (2008) Intelligence of apes and other rational beings. Yale University Press

Kapitel 2
Das Leben in der Wildnis

Zusammenfassung Für Wildtiere steht im Leben der Stress im Vordergrund. Die Bedrohungslage muss ständig neu bewertet werden. Der Tod ist für die Wildtiere oftmals ein sehr grausamer Akt. Die Evolution hat leider keinen Grund gesehen, den Tod vom unerträglichen Entsetzen zu trennen. Im Gegensatz zum Menschen ist die Futter-, Wasser- und Schutzsuche oftmals ein schweres Unterfangen. Auch der Schlaf birgt Gefahren. Könnte der Mensch in der Zukunft hier möglicherweise etwas tun?

Das Leben in der Wildnis sollte nicht romantisch verklärt werden. Aus menschlicher Sicht mag es oft anziehend wirken. Heutzutage wird sogar „Waldbaden" als Psychotherapie für gestresste Menschen angeboten, das Körper und Seele gesund machen soll. Für die Tierwelt aber ist das wohl kaum der Fall. Hier steht das „Leiden" vorwiegend im Vordergrund. Wenn Menschen an das Leiden in der Natur denken, kommt ihnen vielleicht als erstes Bild, wie Löwen ihre Beute jagen. Der Tod eines Zebras durch Löwen ist ein sehr grausamer Akt. Eine Löwin bohrt während der Jagd mit ihren Krallen in das Hinterteil des Zebras. Sie reißt zunächst die zähe Haut auf und versenkt dann ihre Krallen tief in die Muskulatur. Das erschrockene Zebra stürzt zu Boden. Augenblicke später lösen weitere Löwen ihre Krallen vom Gesäß und senken ihre Zähne in des Zebras Kehle unter einem schaurigen Ton des Terrors. Die Eckzähne der Löwen sind zwar lang und scharf, aber ein Tier wie ein Zebra hat einen massigen Nacken mit einer dicken Muskelschicht, sodass die Zähne der Löwen zwar das Muskelgewebe des Zebras durchstechen, aber die Reißzähne sind zu kurz, um ein größeres Blutgefäß zu erreichen. Deshalb muss der Löwe das Zebra durch Ersticken langsam töten, indem er seine Kiefer rund um die Luftröhre einklemmt und so dem Zebra die Luft abschneidet. Das ist ein grausam langsamer Tod, der fünf bis sechs Minuten dauern kann [1].

Die Angst vor Raubtieren sorgt für viele Wildtiere nicht nur für sofortige Not, sondern sie kann auch langfristig zu psychologischen Schocks führen [2]. Die Evolution hat leider keinen Grund gesehen, den Tod vom unerträglichen Entsetzen zu trennen.

© Der/die Autor(en), exklusiv lizenziert an Springer-Verlag GmbH, DE, ein Teil von Springer Nature 2023

G. Gellert, *Die Wildnis und wir: Geschichten von Intelligenz, Emotion und Leid im Tierreich*, https://doi.org/10.1007/978-3-662-68031-5_2

Außer durch Krankheiten sterben Tiere auch durch Unfälle, durch Verdursten während einer Sommertrockenheit oder durch Futtermangel in den Wintermonaten. Auch Wetterereignisse können sich fatal auf die Tierwelt auswirken. Zum Beispiel, wenn Vögel keinen Schutz vor einem Eissturm finden, frieren ihre Füße am Ast fest, auf dem sie hocken. Einige Vögel können auch im Schnee begraben werden und ersticken dabei [3].

Im Gegensatz zu den meisten Menschen in der industrialisierten Welt, haben wilde Tiere keinen sofortigen Zugang zu Futterquellen, wann immer sie hungrig sind (also keine Schnellrestaurants). Sie müssen ständig nach Wasser, Nahrung und Schutz Ausschau halten, während sie gleichzeitig die Gegend nach Raubtieren absuchen. Im Gegensatz zu uns, können Wildtiere keine Innenräume aufsuchen, wenn es regnet oder die Heizung anmachen, wenn die Wintertemperaturen unter dem üblichen Level fallen. Wilde Tiere müssen also täglich um das Überleben kämpfen. Sie haben keine Rechte für Annehmlichkeiten, Beständigkeit oder für gute Gesundheit. Nach menschlichen Standards gemessen, ist das Leben eines wilden Tieres tatsächlich grausam [4].

Zum Leid der Tiere kommt noch hinzu, dass die Menschen weltweit drei Milliarden Tonnen Pestizide pro Jahr versprühen und es kann als gesichert gelten, dass dies in der Tierwelt viel Schaden verursacht [5], eine vollendete Tatsache unserer modernen Gesellschaft. Über die übrigen Zerstörungen, wie sie beispielsweise derzeit im Amazonas-Gebiet geschehen, wird später noch eingegangen.

Der Gedanke, dass die meisten Tiere mehr Leid ertragen als ein positives Lebensgefühl haben, könnte darauf hinauslaufen, dass viele Tiere einen Grund haben könnten, sich umzubringen. Aber dagegen gibt es folgende Überlegungen:

a) die meisten Tiere verstehen den Tod nicht und.
b) der Tod ist für viele Tiere das qualvollste Ereignis, sodass sie durch einen Selbstmord nicht viel gewinnen würden.

Wie steht es mit dem Schlaf von höher entwickelten Wildtieren? Es ist gut vorstellbar, dass dieser „Luxus" in der freien Wildbahn auch eingeschränkt ist. In der Wissenschaft ist es noch unklar, wie viele Tierarten unserer Definition von Schlaf folgen. Bisher wurden etwa 50 Wirbeltierarten darauf untersucht. Bei einigen Tierarten ist der Begriff „Schlaf", so wie wir ihn kennen, kaum angebracht. Einige Tierarten können wochenlang mit einem Schlafdefizit auskommen, zum Beispiel wegen der Teilnahme an einem Vogelzug, ohne mit schädlichen Nebenwirkungen rechnen zu müssen. Offensichtlich hat die Funktion des „Schlafes" in der Tierwelt eine etwas andere Bedeutung als bei uns Menschen [6]. Fraglich bleibt auch, ob die Tierarten, die nach unserer Definition schlafen, tatsächlich aus den gleichen Motiven schlafen wie wir Menschen.

Aber eine Sache ist auch klar, der Schlaf macht Wildtiere leichter zur Beute. Aber ganz so hilflos sind sie dabei doch nicht. Hier stellt sich die Frage, inwieweit eine Schläfrigkeit eines Tieres bereits den Zustand eines wachsamen Schlafes beschreibt. Wie steht es mit den Invertebraten wie beispielsweise bei den Insekten? Dazu weiß die Wissenschaft noch nichts [7]. Es gibt aber Hinweise, dass der Schlaf auch bei Tieren das Gedächtnis festigt. Informationen werden zunächst im Gehirnbereich des Hippocampus abgelegt und später im Schlaf werden diese Informationen im Langzeitgedächtnis abgespeichert [8].

Was bedeuten die Lebensverhältnisse der Wildtiere für die Tierschutzbewegung [4]? Es gibt Gründe zu glauben, dass der beste erste Schritt, der in Richtung einer Verringerung des tierischen Leides vom Menschen gegangen werden kann ist, eine allgemeine Besorgnis für dieses Thema zu befördern.

Wenn mehr Menschen veranlasst werden, sich über das Leiden wilder Tiere Gedanken zu machen, würde die Entwicklung in Forschung und dem Wohlergehen von Wildtieren sich beschleunigen und zugleich würde es helfen sicherzustellen, dass unsere menschlichen Nachkommen vielleicht vorsichtiger über Handlungen nachdenken würden, die zu noch mehr Leid in der Tierwelt beitragen. Im Kap. 20 über die „Zukunftsaussichten für die Wildnis" werden noch weitere Pro- und Kontra-Argumente dazu vorgestellt.

Literatur

1. McGowan Ch (1997) The raptor and the lamb: predators and prey in the living world. Holt, New York
2. El Hage W, Peronny S, Griebel G, Belzung C (2004) Impaired memory following predatory stress in mice Is improved by fluoxetine. Prog Neuropsychopharmacol Biol Psychiatry 28:123–128
3. Heidorn KC (2001) "Ice storms: hazardous beauty". The weather doctor. http://www.islandnet.com/~see/weather/elements/icestorm.htm
4. Tomasik B (2015) The importance of wild-animal suffering. Relations. Beyond Anthropocentrism 3(2):133–152
5. Pimentel D (2009) "Pesticides and Pest Control". In: Rajinder P, Ashok KD (Hrsg) Integrated Pest Management: Innovation-Development Process. Springer, S 83–87
6. Siegel JM (2008) Do all animals sleep? Trends Neurosci 31(4):208–213
7. Lima SL, Rattenborg NC, Lesku JA, Amlaner CJ (2005) Sleeping under the risk of predation. Anim Behav 70(4):723–736
8. Vorster AP, Born J (2015) Sleep and memory in mammals, birds and invertebrates. Neurosci & Biobehav Rev 50:103–119

Kapitel 3
Denken und sprechen Wildtiere?

Zusammenfassung Das Wildtier muss viele Probleme oft gleichzeitig lösen, um zu überleben, was nicht ohne Denkvermögen möglich ist. Bei höher entwickelten Wildtierarten ist oft auch die Kommunikation lebensrettend. Viele Rufe sind ereignisgesteuert und geben Hinweise auf die Anwesenheit von Raubtieren, Gruppenbewegungen oder Aktionen innerhalb einer Gruppe. Die Fähigkeit von Denken setzt auch ein Gedächtnis voraus. Bei Wildtieren ist es wichtig sich zu merken, wer Freund oder Feind ist. Auch ein Gefühl für Zahlen ist nötig um zu wissen, wann ein Rückzug vorteilhafte als ein Angriff wäre.

Bei dem Thema „Wildtiere" wird häufig danach gefragt, wie ähnlich wilde Tiere im Vergleich zu uns sind? Aber diese Frage ist vielleicht falsch gestellt. Darauf werde ich in den folgenden Kapiteln noch näher eingehen.

Es wird davon ausgegangen [1], dass der Mensch nur herausfinden kann, was Tiere denken, wenn er erkundet hat, wie ihr Verstand beschaffen ist, um besondere soziale und ökologische Probleme zu lösen. Dasselbe gilt aber auch für den menschlichen Verstand. Einige Probleme haben Tiere und Menschen gemeinsam. Als ein Resultat kann festgehalten werden, dass alle Tiere mit einem Instrumentarium ausgestattet sind und über eine Reihe von mentalen Fähigkeiten verfügen, um Wissen über Gegenstände, Zahlen und Raum zu erlangen.

Die Wahrnehmung der Gegenwart, die Merkmale eines Gegenübers zu realisieren, zum Beispiel handelt es sich um einen Freund oder um einen Feind, wertzuschätzen was man hat und das Navigieren durch den Raum sind die Hauptmerkmale von Tieren (aber auch von Menschen).

Wie weit geht es nun mit der Ähnlichkeit zwischen Menschen und Tieren? Sehr weit, wurde festgestellt [2]. Es begann mit einem Spiegel. Ein Schimpanse *(Pan)* sieht sich und ist wie betäubt, weil er einen geruchlosen roten Fleck auf seiner Stirn bemerkt. Er versucht sofort diesen Fleck wegzuwischen. Was bedeutet das? Er kann nicht nur sich selbst im Spiegel erkennen (Selbsterkennung) sondern auch den Fleck beseitigen (Selbstwahrnehmung). Nach dem derzeitigen Stand der Wissenschaft gelingt dies aber bisher nur Schimpansen.

© Der/die Autor(en), exklusiv lizenziert an Springer-Verlag GmbH, DE, ein Teil von Springer Nature 2023
G. Gellert, *Die Wildnis und wir: Geschichten von Intelligenz, Emotion und Leid im Tierreich*, https://doi.org/10.1007/978-3-662-68031-5_3

Es gibt Tierarten, die auch den Tod kennen. Neben den Schimpansen sind das zum Beispiel Elefanten. Elefanten mögen vielleicht keinen Friedhof kennen, aber scheinen ein Konzept über den Tod zu haben [3]. Beispiel: ein weiblicher Elefant lag im Sterben. Sofort wurden zwei Elefantendamen hektisch, knieten nieder und versuchten die Sterbende hochzuheben. Sie platzieren ihre Stoßzähne unter ihrem Rücken und ihrem Kopf. Kurzzeitig gelang es ihnen auch sie in eine sitzende Position zu heben, aber ihr Körper plumpste danach sofort wieder zurück. Ihre Familie tat alles um sie aufzurütteln. Ein Familienmitglied ging sogar weg, um ein Bündel Gras zu ernten und versuchte es in ihren Mund zu stopfen. Als es dann aber endlich klar wurde, dass die Elefantin tot war, zelebrierte die Elefanten-gemeinschaft ein Ritual, bei dem Zweige und Palmwedel abgebrochen wurden, um sie auf das Kadaver zu legen. Weitere Beispiele dieser Art folgen im Kap. 13 „Selbstwahrnehmung und Trauer".

In ihrer natürlichen Umgebung bekommen viele Tiere Informationen durch die Stimmgebung anderer Tierarten. Diese Beschaffung von Informationen hat Parallelen zur menschlichen Art der Kommunikation. Allerdings ist die Informationsbeschaffung von einer ganz anderen Art im Vergleich zu unserer Sprache.

Die natürliche Auslese hat dafür gesorgt, dass „Rufer" begünstigt worden sind, die zu Verhaltensänderungen der „Zuhörer" geführt haben. Gleich-zeitig bevorzugte die natürliche Auslese die Zuhörer, die mit bestimmten Rufen bestimmte Ereignisse im Zusammenhang bringen konnten. Auf diese Weise wurden Informationen, die für sie selbst wichtig waren, noch weiter ausgelesen. Das Ganze ging sogar noch weiter: die Selektion bevorzugte Rufer, die akustisch verschiedene Laute von sich gaben. Sie waren ereignisgesteuert, sodass die Zuhörer nun in der Lage waren, noch bessere Informationen zu erhalten. Diese Informationen schlossen Hinweise auf die Anwesenheit von Raubtieren, Gruppen-bewegungen, Aktionen innerhalb einer Gruppe oder die Identifizierung einzelner bei gesellschaftlichen Ereignissen ein. Aber die Unfähigkeit von vielen Wildtier-arten den geistigen Zustand von Artgenossen zu erkennen (das können nur die Schimpansen) führte dann zu Einschränkungen ihrer Kommunikationsfähigkeit und unterscheidet sich deshalb von der menschlichen Sprache. Wenn also der Signalgeber (oder Rufer) bestimmte Laute von sich gibt, um das Verhalten der Zuhörer zu beeinflussen, tut er das nicht bewusst mit dem bestimmten Ziel, andere zu informieren oder als Reaktion darauf, dass die Zuhörer ahnungslos sind [4].

Ob andere Arten, wie etwa Wale, eine Sprache haben, erweist sich bisher als ein ungelöstes Phänomen. Viele Biologen bleiben bei dieser Frage skeptisch [5].

Einige Autoren vermuten, dass Delfine individuelle Pfeiflaute ausstoßen und den Nachweis der Bedeutung von stimmlichen Imitationen in der Wildnis erbringen. Diese Signale werden kopiert und von Artgenossen wiederholt, die außer Sichtweite sind [6]. Dieses Verhalten legt nahe, dass sie sich aneinander wenden und dabei Klangmuster nutzen. Das für das menschliche Ohr hörbare Pfeifen ist aber nicht alles. Viel Potenzial für die Informationsübertragung haben auch die hochfrequenten „Klick-Geräusche" [7].

Wale haben auch viele dramatische natürliche Verhaltensweisen, die zunächst keine Absicht dahinter vermuten lassen, wie zum Beispiel Springen oder Schwanzschlagen, die aber vielleicht dennoch eine kommunikative Funktion haben. Luftblasenströme wurden unlängst auch als eine Form der Unterhaltung vermutet [8].

Die Frage, ob es unter Walen eine Sprache gibt, bleibt also weiter unbeantwortet. Es ist jedoch klar, dass Wale in kooperativen Gesellschaften leben in denen sie viele ihrer Aktivitäten (wie zum Beispiel die Jagd) und ihrer Rufe (die zumindest das Potential haben), inhaltsvolle Informationen zu übermitteln.

Wenn eine Art Sprache vorhanden ist, gibt es dann auch ein Gruppenleben? Wie sieht es damit aus? Dazu ein Beispiel: während des Sommers 1977 trieben in der Karibik im flachen Wasser 30 Kleine Schwertwale (*Pseudorca crassidens*). Ein großes Männchen in der Gruppenmitte lag auf der Seite und blutete aus einem Ohr. Als ein Haifisch vorbeischwamm, schlugen die Wale als Drohgebärde mit ihren Schwänzen. Einzelne Wale wurden unruhig, als Menschen aus Sorge versuchten, sie wieder in tieferes Wasser zu ziehen, beruhigten sich aber wieder, als sie den körperlichen Kontakt zu ihren Artgenossen wieder hergestellt haben. Ungeachtet des Risikos zu stranden oder einen Sonnenbrand zu bekommen, blieb diese Gruppe zusammen bis das Männchen mit der Ohrblutung am dritten Tag starb [9]. Dieses Ereignis zeigt, wie groß die Abhängigkeit der Wale vom Gruppenleben ist. Es gibt bemerkenswerte Konvergenzen zwischen den Sozialsystemen am Beispiel von Pott- bzw. Zahnwalen und terrestrischen Arten (hier Elefanten und Schimpansen).

Literatur

1. Correia CJ (2008) The feeling of what happens and animal minds: A critical analysis of Hauser's wild minds. Philosophica: Int J Hist Philos 16(31):7–17
2. Gallup Jr GG, Anderson JR, Shillito DJ (2002) The mirror test. The cognitive animal: Empirical and theoretical perspectives on animal cognition, S 325–333, Chicago
3. Moss C (2000) Eléphants memories. Thirteen years in the life of an eléphant family. The University of Chicago Press, Chicago/London
4. Seyfarth RM, Cheney DL (2003) Signalers and receivers in animal communication. Annu Rev Psychol 54(1):145–173
5. Norris S (2002) Creatures of culture? Making the case for cultural systems in whales and dolphins. Bioscience 52:9–14
6. Janik V (2000) Whistle matching in wild bottlenose dolphins. Science 289:1355–1357
7. Parsons ECM, Rose NA & Simmonds P (2004) Whales–individuals, societies and cultures. Brakes P, Butterworth A, Simmonds M, Lymbery P, WSPA
8. Fripp D (2005) Bubblestream whistles are not representative of a bottlenose dolphin's vocal repertoire. Marin Mamm Sci 21:29–44
9. Connor RC, Wells RS, Mann, J & Read AJ (2000) The bottlenose dolphin. Cetacean Soc:91–126

Kapitel 4
Intelligenz und Bewusstsein

Zusammenfassung Wie steht es um die Intelligenz, einschließlich des Bewusstseins? Das ist aus unserer Sicht nicht einfach zu beantworten. Menschliche Maßstäbe helfen hier nicht unbedingt weiter. Es wurden Tiere beobachtet, die möglicherweise über einen sechsten Sinn verfügen, aber wissenschaftlich erklärbar ist das bis heute nicht. Früher wurde angenommen, dass Tiere einfach nur Reflexe zeigen und dem Menschen hoffnungslos unterlegen wären. Aber wer nur ein angeborenes und automatisiertes Verhalten zeigt, ist in der Wildnis zum Untergang verurteilt. Beim Thema „Intelligenz" ist noch zu unterscheiden zwischen rationale, emotionale, soziale und Schwarmintelligenz.

Im Jahr 2004 löste ein großer Tsunami rund um den Indischen Ozean eine Tragödie aus, bei dem etwa 230.000 Menschen auf Sri Lanka ihr Leben verloren haben. Tote Wildtiere sind dagegen gleichzeitig in dieser Region kaum gefunden worden. Wie kann dieses Ergebnis nun interpretiert werden? Sind Tiere dann doch intelligenter als Menschen? Was hat sie gerettet? Genau weiß man es nicht. Die übliche Spekulation ist, dass die Wildtiere ein Beben unter ihren Füßen gespürt haben müssen. Aber wenn Wildtiere das können, warum konnte das nicht ein ausgebildeter Seismologe mit seinen empfindlichen Geräten im 21. Jahrhundert genauso tun? Das Ereignis, dass Tiere derartige Katastrophen vorausahnen, war nicht einmalig. In der Literatur wird eine Reihe ähnlicher Fälle beschrieben. Es gibt auch Theorien, dass Tiere Erdbeben vorausahnen, weil sie unterirdische Gase wittern, die vor Erdbeben aus der Erde entweichen oder sie spüren Veränderungen des elektrischen Feldes [1]. Haben die Wildtiere etwa einen „sechsten Sinn", der ihnen erlaubt, auf derartige Ereignisse im Voraus zu reagieren? Dieser Frage wurde gezielt nachgegangen [2]. Es wurden Satellitendaten über das Verhalten von Asiatischen Elefanten *(Elephas maximus)* gesammelt, die nahe dem Tsunami auf Sri Lanka lebten und zufällig mit einem Sender am Halsband ausgestattet waren. Die Auswertungen ergaben, dass keines der Tiere sich schnell vor Eintritt der Katastrophe von der Küste wegbewegte, um sich in Sicherheit zu bringen wie es zu erwarten wäre, wenn sie einen „sechsten Sinn" gehabt hätten.

© Der/die Autor(en), exklusiv lizenziert an Springer-Verlag GmbH, DE, ein Teil von Springer Nature 2023

G. Gellert, *Die Wildnis und wir: Geschichten von Intelligenz, Emotion und Leid im Tierreich*, https://doi.org/10.1007/978-3-662-68031-5_4

Es ist deshalb wichtig zu erörtern, dass menschliche Intelligenz sich von der tierischen durchaus unterscheiden kann. Es ist nicht zielführend, die Intelligenz nur aus menschlicher Sicht zu betrachten. Das hat auch die Tsunami-Katastrophe auf Sri Lanka deutlich gezeigt. Wer hatte den größten Schaden davongetragen? Ausgerechnet der ach so intelligente Mensch!

Viele Forscher haben versucht, zwischen der tierischen und der menschlichen Intelligenz zu unterscheiden. Aber diese Studien trübten eher die Unterscheidung zwischen Menschen und Tieren. Als ein Ergebnis wurde klar, dass es keine fachliche Übereinstimmung gibt, was menschliche Intelligenz nach sich zieht, aber auch der Unterschied zwischen der menschlichen und der tierischen Intelligenz bleibt ungeklärt [3]. Die Sprache wurde auch lange Zeit als Merkmal zur Unterscheidung zwischen Menschen und Tieren herangezogen, aber auch das stimmt so nicht, weil Tiere, wie bereits gezeigt, miteinander kommunizieren. Deshalb kommen nun Forderungen aus der Wissenschaft, dass Studien mit nicht-menschlichen Tieren nicht länger mit typisch menschlichen kognitiven (geistigen) Fähigkeiten verglichen werden, wie die Nutzung von Werkzeugen, Selbstkontrolle oder soziale Kooperation. Es sollten bei derartigen Studien auch die Fähigkeiten getestet werden, bei denen die Menschen gegenüber den Tieren versagt haben, wie zum Beispiel bei den Eigenschaften besonders scharfer Augen oder Nasen und Reaktionszeiten [4].

Die mechanistische Welt ging früher noch davon aus, dass das Verhalten von Tieren einfach ist und die meisten Organismen nur Reflexe zeigen und ein Vergleich mit dem Menschen sich zwangsläufig verbietet. Diese Einstellung ist das Ergebnis von Experimenten gewesen, die Organismen gezwungen haben, sich in einer bestimmten Weise zu verhalten und so zu falschen Schlussfolgerungen über das Verhalten der Organismen in der natürlichen Umwelt geführt haben. Um es klar auszudrücken: nicht jede Verhaltenseigenschaft ist ein Zeichen von Intelligenz, aber wenn die Umwelt unberechenbar in Sachen „Ernährungssicherung" oder in Sachen „Anwesenheit von Raubtieren" ist, ist ein nur angeborenes und automatisierte Verhalten zum Untergang verurteilt. Nur das „wilde" Verhalten in der natürlichen Welt ist wirklich bedeutungsvoll für die Beobachtung von bewusstem und intelligentem Verhalten.

Es ist rätselhaft, dass auch primitive Organismen, die kein Nervensystem besitzen, ein anspruchsvolles Verhalten zeigen [5]. Viele Beispiele wurden in der Vergangenheit dazu aufgezeichnet [6]. Ein Beispiel dazu ist der Schleimpilz (Physarum). Er demonstriert seine Fähigkeit zu unterscheiden zwischen einer Vielzahl von Futterquellen und kundschaftet nur diese aus, die ihm die optimale Ernährung für das Wachstum garantieren. Der Schleimpilz kann auch durch ein Labyrinth navigieren, um die kürzeste Distanz zwischen seiner aktuellen Position und der Futterquelle zu verbinden. Ist das schon eine primitive Intelligenz [7]? Es geht also wie immer um die Verringerung des Energieaufwandes und um den maximalen Energiegewinn. Wenn der Schleimpilz mechanische Stöße in regelmäßigen Intervallen ausgesetzt wird, prägt er sich das ein und ist in der Lage den nächsten Stoß vorherzusehen [8]. Derartige Lerneffekte sind nicht nur auf Schleimpilze beschränkt, sondern auch Protozoen (Einzeller) sind lernfähig.

Das „Pantoffeltier" *(Paramecia)* kriecht beispielsweise gerne in Kunststoff-schläuchen hinein. Allerdings ist das Tierchen beim Durchmesser dieser Schläuche wählerisch. Ist er kleiner als die Länge des Pantoffeltierchens, benötigt es anfangs noch einige Minuten, um dies zu bemerken, um dann umzukehren. Nach einigen Erfahrungen, sind es dann nur noch wenige Sekunden bis die Tierchen umkehren. Das bedeutet, dass auch ein einzelliger Organismus in der Lage ist zu lernen.

Um eine ganzheitliche Betrachtung bei derartigen Studien zur Erforschung der rationalen tierischen Intelligenz zu erreichen ist es nötig, Feld- und Laborarbeit besser miteinander zu verzahnen, wobei die Feldexperimente (unter eher natür-lichen Bedingungen) stärker im Fokus stehen sollten. Es gibt neuerdings auch Forderungen, eine größere Vielfalt von Tierarten zu testen, besonders solche, die bisher noch nicht oder kaum Beachtung gefunden haben, um ein vollkommeneres Bild über die Intelligenzleistung im Tierreich zu bekommen.

Das Wort „Intelligenz" kommt übrigens vom lateinischen Wort „intellegere" und bedeutet „Zwischenauswählen" (Duden Herkunftswörterbuch, 2007, S. 365 f.). Zwischen was wählt man aus? Vorwiegend zwischen verschiedene Ver-haltens- und Handlungsmöglichkeiten. Aber Achtung! Die rationale „Intelligenz" kann bei vielen verfügbaren Auswahlmöglichkeiten scheinbar sehr hoch, aber sie kann auch sehr niedrig erscheinen, wenn die verfügbaren Auswahlmög-lichkeiten gering sind. Das muss bei der Interpretation von Ergebnissen in der tierexperimentellen Forschung immer beachtet werden, um Fehlschlüsse zu ver-meiden.

In früheren Phasen der Intelligenzforschung wurde zunächst nur auf die „rationale Intelligenz" geachtet. Das bedeutet, es wurde darauf geschaut, wie Sachen, Aufgaben, Situationen, Prozesse und Ereignisse wahrgenommen werden, gedanklich verstanden, analysiert und welche Entscheidungen getroffen worden sind, um die entsprechenden Handlungen und Verhaltensweisen zu entwickeln.

Später kam der Begriff der „emotionalen Intelligenz" hinzu. Es beinhaltet die verfügbaren unterschiedlichen Möglichkeiten positive und negative Emotionen, Gefühle, Affekte unterschiedlicher Personen, Sachen, Aufgaben, Situationen und Ereignisse wahrzunehmen und gefühlsmäßig zu bewerten.

Aber neben den Gedanken und den Gefühlen ist auch die „soziale Intelligenz" wichtig, um sich als Individuum in einer Gruppe durchzusetzen. Deshalb ist es notwendig, auch die soziale Intelligenz zu beachten. Der Begriff „soziale Intelligenz" bezeichnet einerseits die Fähigkeit Regeln, Vorschriften, die eine gesunde Entwicklung gewährleisten, zu beachten und einzuhalten. Anderer-seits bezieht sich der Begriff „soziale Intelligenz" auch auf die verfügbaren Möglichkeiten, Beziehungen zu Personen, Gruppen, Gemeinschaften mit angenehmen und unangenehmen Gefühlen zu verstehen, zu bewerten und sich entsprechend zu verhalten (Quelle: Institut für angewandte Sozialpsychologie und Neuropsychoanalyse. Internet: http://www.eq-sq.de/index.php/de/blog-de/53-klaerung-des-begriffs-intelligenz-iq-und-der-begriffe-rationale-intelligenz-rq-emotionale-intelligenz-eq-soziale-intelligenz-sq-kuenstliche-intelligenz-ki.

Nicht zu vergessen ist noch die „Schwarmintelligenz". Diese Intelligenzform wird als Gruppenintelligenz definiert, die bei der Zusammenarbeit einer großen

Gruppe von Mitwirkenden entsteht. Die Schwarmintelligenz handelt sozusagen von der Weisheit vieler, die alle einem Drehbuch folgen. Eine Rangordnung oder einen Chef gibt es dabei nicht.

Ein Wort noch zum „Bewusstsein". Es ist eng mit der Intelligenz verbunden. Viele Definitionen über das Bewusstsein sind zwangsläufig anthropozentrisch (eine Theorie, die den Menschen in den Mittelpunkt stellt). Diese Sichtweise erschwert aber das Bewusstsein anderer Arten zu erkennen [7]. Aber [9] kommt zum folgenden Ergebnis über eine umfassendere Definition über Bewusstsein und Intelligenz: nicht Tiere, sondern jedes organisierte Lebewesen hat ein Bewusstsein. Im einfachsten Sinne bedeutet dies, dass das Bewusstsein generell die Wahrnehmung der Außenwelt ist.

Diese Erkenntnis bezieht sich auf das Verhalten eines jeden lebenden Systems, seine Umgebung betreffend. Anfang des 20. Jahrhunderts wurden die meisten Organismen noch als mechanistisch (nur mechanische Ursachen anerkennend) betrachtet, ein System das blind vorgegebenen Verhaltensprogrammen folgt, die in ihren Genen eingetragen sind. Bewusstsein in anderen Organismen kann nicht direkt bestimmt werden, wegen unserer Unfähigkeit zu kommunizieren und wichtige Fragen zu stellen. Aber das Versagen zu kommunizieren bedeutet nicht die Abwesenheit von jedweder Fähigkeit eines Bewusstseins unter Wildtieren. Wir müssen die Kommunikationsformen herausfinden, wozu auch die Organismen fähig sind. Das Bewusstsein verleiht einen signifikant anpassungsfähigen Vorteil, der Organismen ermöglicht, angemessen auf physikalische, biologische und soziale Signale der Umwelt zu reagieren.

Literatur

1. Sheldrake R (2005) Listen to the animals: why did so many animals escape December's tsunami? State Library of NSW
2. Fernando P, Wikramanayake ED, Weerakoon D, Janaka HK, Gunawardena M, Jayasinghe LKA, Pastorini J (2006) The future of Asian elephant conservation: Setting sights beyond protected area boundaries. Asian J Conserv Biol 252:2
3. Jerison HJ, Barlow HB, Weiskrantz L (1997) Animal intelligence as encephalization. Phil Trans R Soc Lond B Biol Sci 308:21–35
4. Bräuer J, Belger J (2018) A ball is not a Kong: Odor representation and search behavior in domestic dogs (*Canis familiaris*) of different education. J Comp Psychol 132:189–199
5. Trewavas AJ, Baluška F (2011) The ubiquity of consciousness: The ubiquity of consciousness, cognition and intelligence in life. EMBO Rep 12(12):1221–1225
6. Bonner JT (2010) Brainless behaviour: a myxomycete chooses a balanced diet. Proc Natl Acad Sci USA 107:5267–5268
7. Nakagaki T (2000) Maze solving by an amoeboid organism. Nature 407:470
8. Ball P (2008) Cellular memory hints at the origins of intelligence. Nature 451:385
9. Margulis L, Sagan D (1995) What is life? Simon & Schuster, New York, USA

Kapitel 5
Die rationale Intelligenz

Zusammenfassung Die rationale Intelligenz ist in der Tierwelt besonders für Problemlösungen vorgesehen. Sich in der Wildnis von einer Sekunde auf die andere umzustellen verlangt hohe geistige Fähigkeiten. Die Intelligenz von Tieren zu ermitteln gelingt am besten in ihrer natürlichen Umgebung. Das ist aber nicht bei allen Tierarten möglich. Wale oder Delfine in die Tiefe der Meere zu folgen ist unmöglich. Wichtig ist dabei auch, nicht alles was intelligent wirkt auch so zu bewerten. Die Gehirngröße ist kein guter Maßstab für rationale Intelligenz. Einen besonderen Unterschied im Intelligenzgrad kann auch nicht zwischen Wirbeltieren und beispielsweise Insekten ausgemacht werden.

Zunächst einige Bemerkungen zu den Versuchsbedingungen: viele Forscher teilen die Meinung von Konrad Lorenz, dass wir das Verhalten von Tieren nicht gänzlich verstanden haben, solange sie nicht in ihrer natürlichen Umgebung sind. Die zuverlässigste Methode Erkenntnisse zu gewinnen, sind daher am besten Laborversuche im Freiland [1].

Um die Experimente richtig deuten zu können, ist es daher unerlässlich, dass sie unter möglichst natürlichen Bedingungen stattfinden. Alles andere wäre fatal, was schon Lubbock [2] im Jahre 1899 feststellte. Er berichtete schon vor rund 120 Jahren, dass Tiere weder Automaten noch eine schwächere Ausgabe des Menschen sind. Im gleichen Jahr beschrieb er auch bereits über die besonderen Fähigkeiten von Insekten, was zum Beispiel Hören und Riechen anbetraf.

Bei derartigen Versuchen muss man aber aufpassen, dass ein Verhalten, das intelligent wirkt, es auch wirklich ist. Viele Tiere, von den Insekten bis zu den Säugetieren, verhalten sich nämlich in einer Art, die rationale Intelligenz nur vortäuscht. Darauf darf man aber als Experimentator nicht hereinfallen, weil es oft doch lediglich um Instinkthandlungen geht. Ein derartiges Verhalten, von Instinkten gesteuert, ist aber nur eine Reaktion auf Umweltreize. Wurde zum Beispiel eine Raupe beim Bau einer Art Geflecht, das sich schon im 6. Stadium des Baufortschrittes befand mit einem anderen derartigen Gebilde zusammengebracht, das erst drei Baustadien durchlaufen hatte, so vollendete sie bei ihm nur

© Der/die Autor(en), exklusiv lizenziert an Springer-Verlag GmbH, DE, ein Teil von Springer Nature 2023

G. Gellert, *Die Wildnis und wir: Geschichten von Intelligenz, Emotion und Leid im Tierreich*, https://doi.org/10.1007/978-3-662-68031-5_5

den 6. Bauabschnitt. Wurde eine Raupe dagegen von einem Geflecht getrennt, das sich erst im 3. Baustadium befand und auf ein fertiges Geflecht gesetzt, war sie davon so irritiert, dass sie wieder vom 3. Baustadium an arbeitete, obwohl dieses Geflecht bereits fertig war [1]. Wichtig ist hier, dass genau geschaut wird, ob es sich wirklich um ein intelligentes Verhalten handelt oder nur so aussieht. Anderes Beispiel: wenn grabende Wespen bei ihrer Tätigkeit (das Ablegen ihrer Larven samt Beute) unterbrochen werden, starten sie nach Wiederaufnahme nicht dort wo sie aufgehört haben, sondern beginnen wieder ganz von vorne [3].

Es gibt allerdings Tierarten, die eine Beobachtung in der freien Natur erschweren, weil sie im Ozean leben. Deshalb musste ich bei den Delfinen und bei den Oktopussen doch auch auf Experimente in Gefangenschaft zurückgreifen.

Die Größe des Gehirns, als Maß für rationale Intelligenz, wird, wie bereits erwähnt, in dieser Abhandlung keine Rolle spielen. Wie viele andere Kenngrößen auch, wächst das Gehirn mit der Körpergröße. Das Verhältnis zwischen Gehirn- und Körpergröße ist aber kurvenförmig und nicht linear [4]. Das bedeutet, dass mit steigender Gehirngröße die Intelligenz nicht zwangsläufig entsprechend mitwächst.

Die Größe des Gehirns ist ein ganz schwacher Indikator für Intelligenz. Ein bessere Methode Intelligenz festzustellen ist deswegen nach dem Verhalten eines Individuums zu schauen, einschließlich seiner kommunikativen Fähigkeiten.

Nach [5] ist rationale Intelligenz ein Konzept, das viele kognitive (geistige) Fähigkeiten umfasst, inklusive abstraktes Denken, Verständnis für Informationen, Problemlösungen, Nutzung von Zeichen (inklusive Sprache), Begriffsbildung und Kreativität.

Nach [6] wird rationale Intelligenz definiert als die Folge von geistigen Mechanismen, die die Fähigkeiten von Tieren befördern, sich mit flexiblen und innovativen Verhaltensweisen zu beschäftigen, wenn sie mit einem Problem konfrontiert sind. Der Begriff „rationale Intelligenz" umfasst die Gesamtheit unterschiedlich ausgeprägter kognitiver Fähigkeiten zur Lösung eines logischen, sprachlichen, mathematischen oder sinnorientierten Problems [7]. Sie definieren rationale Intelligenz auch als den Grad der geistigen Verhaltensweise als Folge von neuen Situationen, die in der Wildnis oder unter Laborbedingungen stattgefunden haben. Generell gehen [7] davon aus, dass unter den Wirbeltieren die Säuge- tiere und die Vögel intelligenter sind und unter den Säugetieren der Mensch der Klügste ist.

Von Dr. Heidi Harley, Psychologieforscherin an der New College of Florida, kam einmal folgender Satz zur Definition von rationaler Intelligenz: *Wenn ein Hund mit einem Menschen einen Intelligenztest machen würde, wie würde der Test aussehen? Der Hund würde damit starten, unseren Geruchssinn zu testen, unsere Fähigkeit Duftstoffe für die Kommunikation zu verwenden und gut zu hören und wir würden dabei vollkommen versagen.* Anders herum formuliert: Tiere leben in einer ganz anderen Welt als der Mensch, was einen Intelligenzvergleich so schwierig macht.

Die Beurteilung der rationalen Intelligenz ist wirklich kompliziert. Steckt man zum Beispiel 12 Bienen und 12 Fliegen getrennt in eine leere durchsichtige Glasflasche und stellt diese Flasche waagerecht so auf, dass der Flaschenboden zum Licht zeigt. Was passiert dann? Die Fliegen finden den Ausgang (hier den Flaschenhals) in weniger als in zwei Minuten, während die Bienen (obwohl als so klug eingestuft) immer wieder am Flaschenboden nach einem Ausgang suchen, bis sie schließlich verhungert sind. Und dieses, obwohl Bienen Landmarken im Freiland zur Navigation interpretieren können und eine eigene Sprache, den Schwänzeltanz, entwickelt haben. Vielleicht war ihnen hier ihre Liebe zum Licht zum Verhängnis geworden und auch der Glaube, der Fluchtweg führe nur über das Licht. Allerdings gibt es Stimmen, die den Schwänzeltanz nicht als Sprache im strikten Sinne interpretieren, weil die Vielzahl von notwendigen Symbolen, um beliebig viele Kombinationen zu erzeugen, fehlt. Eine „normale" Kommunikation zwischen Bienen ist also nicht möglich. Aber wenigsten wird der „Schwänzeltanz" noch als intelligentes Verhalten gewertet [8].

Es wurde auch festgestellt [8], dass die rationale Intelligenz bei Tieren viele Facetten hat, aber die wichtigsten Komponenten sind Formen des Lernens jenseits von einfachen Verbindungen und eine Gedächtnisstruktur, die Entscheidungen erlauben, ohne die Mitwirkung von genetisch gesteuerten Verhaltensweisen.

Es ist allgemein üblich, den Menschen an die Spitze der intelligenten Tierarten zu setzen, aber stimmt das wirklich? Der Hai zum Beispiel lebt auf diesem Planeten bereits seit mehr als 365 Mio. Jahren. Beim Hai verhält es sich so, dass sein Wirken eher intelligent von seinen Genen gesteuert wird und diese der Arterhaltung dienen. So verhält es sich wohl auch mit vielen anderen Arten. Nach dem derzeitigen Zustand unserer Welt zu beurteilen, wird das der Mensch aber niemals schaffen, trotz seiner hohen rationalen Intelligenz. Hier scheint seine Profit- und Machtgier doch viel stärker zu sein als seine rationale Intelligenz sogar zum Mars fliegen zu können.

Viele Tierarten machen viele Dinge wie wir Menschen auch. Sie suchen nach Futter, jagen und töten die Beute. essen, machen dem anderen Geschlecht den Hof und paaren sich, beschützen ihre Nachkommen, verteidigen ihr Territorium usw. Einige von Ihnen spielen, bereiten ihre Mahlzeiten zu, benutzen Werkzeuge, bilden Gesellschaften, ziehen am gleichen Strang, gehen Bündnisse ein, kämpfen und schminken sich, usw. [9]. Es gibt daher keinen rationalen Grund anzunehmen, dass im schnöden Alltag zwischen Tier und Mensch besonders große Unterschiede bestehen (außer vielleicht beim Fernsehkonsum).

Handelt es sich bei Tieren um Aktivitäten in der Folge von Bedürfnissen, wobei die Bewegungen durch Wahrnehmungen gesteuert werden? Der Leopardenfrosch *(Lithobates pipiens)* beispielsweise schnappt immer nach Insekten, unabhängig davon, ob er hungrig ist oder nicht. Sein Verhalten ist unmittelbar und starr. Hier hat der Begriff „Automat" seine volle Berechtigung. Andere Arten sind aber in der Lage, ihren Stimulus (Antrieb) und ihre Antworten darauf zeitlich zu entkoppeln.

Die rationale Intelligenz ist eine mentale Fähigkeit. Sie kann beispielsweise von einem Individuum eingesetzt werden, das physisch daran gehindert wird, ein Problem zu lösen. Ein Beispiel: ein Schimpanse, der weiß, wie man einen Behälter mit einem schweren Werkzeug öffnet, kann an der Problemlösung gehindert werden, wenn das Werkzeug zu weit entfernt liegt. Was tun? Er kann nun seine rationale Intelligenz in der Weise einsetzen, dass er versucht, das Werkzeug heranzuschaffen oder durch Herumstöbern nach Alternativen zu suchen. Rationale Intelligenz hat also stark mit Problemlösungen zu tun.

Rationale Intelligenz ist nicht nur im Menschen sondern auch in Tieren verankert und hat nichts mit der Sprachentwicklung zu tun. Es gibt sehr lernfähige Tiere wie etwa Mäuse. Finden sie sich in einem Labyrinth irgendwann zurecht, wird die Futtersuche ökonomisiert und die Zahl der Fehlversuche geht dann gegen Null [10].

Ein Unterschied im Intelligenzgrad kann auch nicht zwischen Wirbeltieren und wirbellosen Tieren (zum Beispiel Insekten) ausgemacht werden [11]. Beide Gruppen entwickeln gleich gute Strategien, um an ihr Ziel (hier Futter) zu gelangen.

Eine Strategie kann das Lernen sein. Beispiel: einem Tier wird ein **A** als Stimulus (Anreiz) gezeigt und er reagiert darauf (mit Futter als Belohnung). Nun erscheinen zwei weitere Stimuli „A" und „B" an jeder Seite des „A" (wie AAB) Auf der linken Seite befindet sich nun ein zweites „A" und auf der rechten Seite ein neues „B".

Als Nächstes muss das Tier auf das neue linke zweite „A" reagieren, wenn es belohnt werden möchte. Das „alte A" dient dann nur noch der Orientierung. Um weiter belohnt zu werden, muss es nun immer zu dem Buchstaben gehen, der dem gleicht, der sich auch in der Mitte befindet. Jetzt sind vier Konfigurationen denkbar: AAB, BAA, BBA und ABB. Im ersten Fall wählt er links, im Zweiten rechts, im Dritten wieder links und im Vierten wieder rechts, um belohnt zu werden. Bei den mittleren Buchstaben befindet sich kein Futter mehr. Das geht mit der Zeit fehlerfrei. Tiere sind folglich in der Lage, einem Konzept zu folgen.

Definiert wird die tierische rationale Intelligenz als einen solchen Prozess, durch den die Tiere Informationen über ihre Umwelt erhalten [12]. Diese Informationen werden genutzt, um Verhaltensentscheidungen zu treffen. Wir sind gewohnt, rationale Intelligenz in menschlichen Begriffen zu denken. Aber kann es nicht sein, dass es für das Überleben einer Art nur darum geht, die Fähigkeit zu haben, Probleme schnell genug zu lösen [13]? Alle Organismen auf der Erde sind effiziente Problemlöser. Wildtiere werden in der Wildnis ständig mit neuen Problemen konfrontiert und müssen sie oft schnell lösen, wenn sie überleben wollen. Zugegebenermaßen kamen etwa Insekten zu Lösungen eines Problems erst über die Auslese, oft erst nach vielen Generationen. So haben manche Insektenarten sich eine Tarnung zugelegt (hier durch Färbung der Flügel wie eine Baumrinde), um nicht von Vögeln gefressen zu werden. Das Ergebnis dieser intelligenten Selektion ist ebenso bemerkenswert wie das Ergebnis einer menschlichen Intelligenz.

5.1 Beispiele für rationale Intelligenz

5.1.1 Vögel

Zusammenfassung Es gibt Vogelarten, die über ein sehr gutes Gedächtnis verfügen (eine besondere Form der rationalen Intelligenz). Beobachtbar ist dies gut beim Verstecken und Wiederauffinden eines Wintervorrats oder bei der sicheren Ansteuerung von Flugzielen. Vögel sind sehr gute Beobachter, kooperationsbereit und können aus erfassten Sachverhalten rasch die richtigen Schlüsse ziehen. Wenn es die Situation erfordert, sind sie auch in der Lage Werkzeuge zu benutzen oder sie sogar selbst herzustellen.

Wenn das Gedächtnis zur rationalen Intelligenz gehört, dann gibt es eine Tiergruppe mit dieser herausragenden Fähigkeit, nämlich die Vögel. Ein großartiges Beispiel liefert der Tannenhäher *(Nucifraga caryocatactes)*. Er sammelt Nüsse im Tiefland und fliegt dann etwa vier Kilometer weit in höhere Gebiete, um sie für den Winter im Boden zu vergraben an bis zu 30.000 verschiedenen Stellen. Im Winter gräbt er die Nüsse unter eine Schneedecke wieder aus. Wissenschaftlicher fanden heraus, dass 86 % der Verstecke von den Tannenhähern wiedergefunden werden, trotz einer darüber liegenden Schneedecke. Die Menschen hätten schon nach einem Dutzend dieser Verstecke die Übersicht verloren. Die Tannenhäher haben eine Kartierfähigkeit von außerordentlicher Genauigkeit (eine Fähigkeit eine Karte über die Landschaft überzustülpen), obwohl viele Orientierungsmerkmale durch den Schnee verdeckt sind. Das zeugt von einem außerordentlich guten Langzeitgedächtnis [14].

Nun ein Beispiel für Intelligenz: ein Forscherteam in einem botanischen Garten wollte einen Kolibri *(Trochilidae)* einfangen. Dafür stellte es quer über sein Territorium ein Netz wie eine Art Zelt auf (etwa zwei Meter hoch und drei Meter lang, bestehend aus dünnen schwarzen Nylonfäden). In der Regel fliegt der Vogel hinein, wenn er dahin gescheucht wird und wird dann sofort vom Netz umschlungen. Nicht so dieses Mal, weil sich über Nacht Tauwasser am Netz angesammelt hat. Der Kolibri sah dies sofort, flog außen an der Falle entlang und setzte sich sogar noch frech darauf. Es ist bekannt, dass wenn mit dieser Falle einmal etwas schief geht, kein Kolibri sich mehr damit einfangen lässt. Unser Kolibri saß dann auf einer Stange, überblickte sein Territorium und beobachtete, wie das Team begann, frustriert die Falle wieder abzubauen. Plötzlich drang ein weiterer Kolibri in sein Revier ein und begann (seine) Blüten aufzusuchen. Nun verhält es sich so, dass diese Kolibriart sehr aggressiv ist. Normalerweise würde unser Freund auf den Eindringlich zufliegen und ihn aus seinem Territorium hinausjagen. Aber das war nicht das, was er dieses Mal gemacht hat. Er flog von seiner Stange herunter, flog knapp über dem Boden um sein Territorium herum, bis er sich hinter dem Eindringling befand. Dann jagte er den Eindringling direkt in die noch stehende Falle [15].

Derartige Anekdoten können nicht den endgültigen Beweis für tierische rationale Intelligenz liefern. Aber es wäre ein großer Fehler, ihre Auswirkungen komplett zu ignorieren. Derartige Anekdoten gibt es viele. Viel wichtiger ist nicht ihre große Zahl, sondern dass die gesammelten wissenschaftlichen Daten die Schlussfolgerungen dieser Beobachtungen unterstützen.

Krähen der Art *Corvus moneduloides* waren in der Lage, ihre eigenen Werkzeuge herzustellen und zu nutzen. Zwei Vögeln wurde ein Glaszylinder vorgesetzt in dem sich auf dem Boden ein kleiner Eimer mit Futter befand. Die einzige Möglichkeit den Köder herauszunehmen war mit einem speziell für diesen Zweck präpariertes Werkzeug (hier einen längeren Haken), um den kleinen Eimer nach oben aus dem Glaszylinder zu ziehen. Den beiden Vögeln wurden verschieden geformte Drähte angeboten. Sie nahmen tatsächlich nur die Drähte an, die an einem Ende hakenförmig gebogen waren. Wurde den Vögeln nur linear geformte Drähte angeboten, fixierten sie sie zunächst in einer geeigneten Ritze des Tisches und formten an einem Ende daraus einen Haken, sodass sie nun geeignet waren den Eimer hochzuziehen [16].

Schon 1873 gab es eine Schrift, die davon ausging, dass Vögel die Fähigkeit haben Schönheit wahrzunehmen, Lebensfreude zu erleben, eine feinere Kenntnis von Entfernungen und Richtungen und eine größere Fähigkeit der Stimmenimitationen zu haben als andere Tiergruppen [17]. Dass Vögel nicht nur blind ihrem Instinkt folgen, zeigt das parasitische „instinkthafte" Verhalten des Kuckucks *(Cuculus canorus),* der regelmäßig seine Eier in die Nester anderer Vogelarten legt. Es ist sicher anzunehmen, dass das Kuckucksweibchen noch eine gute Erinnerung an seine eigenen „Pflegeeltern" und an das Nest hat, in dem es selber aufgezogen worden war, sodass es jetzt in der Lage ist, eine eigene gute Wahl für das Ei zu treffen. Der Kuckuck kann nämlich kein Nest bauen, weil er es nie gelernt hat und er das Nest auch nicht als Folge einer Instinkthandlung bauen kann. Als die Urväter des Kuckucks sich dieser räuberischen Methoden annahmen, machten sie dies mit offenen Augen. Sie handeln folglich mit Überlegung und nach einem Konzept.

5.1.2 Bienen

Zusammenfassung Bienen sind gute Beobachter und nutzen ihre rationalen Fähigkeiten, erworbene Erkenntnisse, zumindest was die Futtersuche angeht, an ihre Artgenossen kommunikativ weiter zu geben. Auch Ihre Orientierung im Gelände hat nichts mit Instinkthandlungen zu tun. Dafür wird ein Gedächtnis benötigt, gefüllt mit sortierten und bedeutenden Auswertungen durch intelligente und aufgabenorientierte Funktionen eines Rechensystems. Durch Markierungen im Gelände wird die Futtersuche effektiviert um Zeit und Energie zu sparen, zwei in der Natur sehr bedeutende Parameter im Rahmen der Überlebensstrategie.

Von einem interessanten Experiment mit Insekten berichtete [4] über die Wildbienen-Gattung *Osmia.* Den geschlüpften Wildbienen bot der Versuchsleiter

Glasröhren zum Bau ihrer Habitate (Wohnungen) an, die sie dankbar annahmen. Nun muss man wissen, dass weibliche Tiere viel größer als die männlichen Tiere sind. Deshalb gibt es auch zwei Formen von Habitaten. Üblicherweise kommen deshalb im Bienennest in den größeren Habitaten die weiblichen Bienen und in den kleineren die männlichen Bienen vor. Nun ist es bei der Gattung *Osmia* so, dass zum Beispiel in einem hohlen Röhrchen weiter weg vom Eingang die weiblichen Habitate und die männlichen näher zum Eingang angelegt werden. Der Vorteil dabei ist, dass die männlichen Bienen zuerst schlüpfen und es ist klar, dass die, die zuerst schlüpfen, sich näher am Eingang befinden müssen, damit dieses System funktioniert.

Nun hat der Versuchsleiter sich folgende „Gemeinheit" ausgedacht: die Glasröhrchen waren an einem Ende schmaler (5 mm Ø) als am anderen Ende (8 mm Ø). Das brachte den Wildbienen ein Problem. Wie sollten sie jetzt vorgehen? Einige Bienen schlossen das engere Ende von 5 mm Durchmesser komplett und nutzten nur das andere Ende von 8 mm Durchmesser nur für die Weibchenaufzucht. Andere hingegen verschmälerten die acht mm Röhrendurchmesser auf fünf mm Durchmesser und hielten in diesem Röhrchen nur die männlichen Tiere. Wenn das kein Zeichen von geistiger Flexibilität ist!

Wie Honigbienen *(Apis mellifera)* sich orientieren hat auch etwas mit ihren geistigen (rationalen) Fähigkeiten zu tun. Es handelt sich wirklich nicht nur um Ergebnisse von Instinkthandlungen. Dazu folgender Versuch von [4]: an einem Haus, einige hundert Meter vom Strand entfernt, befanden sich Bienenstöcke. Zwischen dem Haus (rundherum mit einem Blumengarten angelegt) und dem Strand lag noch eine Wiese, die aber völlig unwichtig für die Honigbienenpopulation war, weil es dort nie Nahrung für sie gegeben hat. Zunächst wurden diese Bienen weiter weg vom Haus am Strand, später dann näher am Haus auf dieser Wiese freigelassen in der Hoffnung, dass sie ihre Bienenstöcke wiederfanden. Aber dies ist nicht geschehen (obwohl die Freilassung nur etwa einige 100 m von ihren heimischen Bienenstöcken entfernt war). Erst die Freilassung ab dem Blumengarten führte zum hundertprozentigen Erfolg. Was war geschehen? Weil die Bienen den Blumengarten, wegen des dortigen Nahrungsangebotes, gut kannten, diente er als Landmarke für die Heimkehr. Offensichtlich ist dies eine Gedächtnisleistung, die auch mit Intelligenz zu tun hat. Ein Gedächtnis füllt sich nicht von selber, sondern ein Gedächtnis wird gefüllt mit sortierten und bedeutenden Auswertungen durch intelligente und aufgabenorientierte Funktionen eines (neuronalen) Rechensystems (siehe auch unter: https://de.quora.com/Wieh%C3%A4ngen-Ged%C3%A4chtnis-und-Intelligenz-zusammen). Erstaunlich ist, dass diese Erkenntnisse bereits 130 Jahre alt sind.

Honigbienen markieren bereits besuchte Blüten mit einem Duft und vermeiden auf diese Weise Blüten, die schon kurz zuvor von ihnen selbst besucht worden waren. Das bedeutet, dass Bienen stärker auf ihre eigenen Markierungen reagieren, als auf die von ihren Artgenossen. Derartige abstoßende Geruchsmarken dienen wohl dazu, effizienter auf Futtersuche zu gehen und um Energie und Zeit zu sparen [18].

Honigbienen sind auch in der Lage zu lernen. Dazu wurde ein Labyrinth in Y-Form in der Nähe eines Laborfensters aufgestellt. Die Bienen kamen einzeln durch ein Loch ins Innere des Gebäudes und trafen auf eine Zuckerlösung, die mit den Buchstaben A oder B markiert war. Von diesem Raum ausgehend hatten die Bienen dann die Möglichkeit weiter zu den beiden Y-Armen zu fliegen. War ein Y-Arm im Eingangsbereich so gekennzeichnet wie die vorherige Zuckerlösung (mit den Buchstaben A oder B), war dort auch eine Zuckerlösung im Angebot. Nach einiger Zeit hatten die Bienen den Bogen raus. Sie flogen nur noch in den Y-Arm, der so gekennzeichnet war wie der Eingangsbereich. Das klappte nicht nur mit den Buchstaben A und B, sondern auch mit den Buchstaben C und D, mit den Farben Blau und Gelb und mit Quer- und Längsstreifen [19].

5.1.3 Walfische

Zusammenfassung Neben der Orientierung im Gelände kann man bei Walfischen beobachten, dass sie oftmals bei ihren Aktivitäten, wie beispielsweise bei der Futtersuche oder bei der Partnerwahl, einen Plan verfolgen. Durch das Begrenzen von Verhaltensweisen auf solche, die am effizientesten sind und am wahrscheinlichsten zum Ziel führen, erlaubt dem Organismus Energie und Zeit zu sparen. Delfine haben auch noch die Fähigkeit mit dem Menschen über Signalgebung zu kommunizieren. Diese Form der Kommunikation hat bisher noch keine andere Tierart gezeigt.

Walfische *(Cetacea)* sind in der Regel Meeressäugetiere und teilen sich in Barten- und Zahnwale auf. Zu den Bartenwalen gehören die Blau-, Finn- und Buckelwale. Zu den Zahnwalen gehören verschiedene Delfinarten, Schweins-, Pott- und Schnabelwale an.

Es wurde der Frage nachgegangen [5], ob Delfine *(Delphinidae),* die zu den Zahnwalen gehören, in der Lage sind, ihr Verhalten bedeutungsvoll zu steuern. Die Fähigkeit neue und geeignete Pläne für das Verhalten zu erzeugen, wenn man mit neuen Problemen konfrontiert wird, hat offensichtlich evolutionäre Vorteile.

Zum Beispiel kooperieren gelegentlich Delfinmännchen, um einzelne Weibchen aus einer rein weiblichen Gruppe heraus zu lösen, damit ein Männchen sich mit einem isolierten Weibchen paaren kann. Diese Strategie der Paarung scheint Kooperation und Planung einzuschließen [20].

Delfine und andere Walarten wenden eine Vielzahl von Strategien bei der Futtersuche an, die nach Planung aussieht. Sie treiben zum Beispiel Fische zu Kugelhaufen zusammen, um sie dann effektiver zu bejagen [21].

Ob Delfine ihre Handlungen tatsächlich planen, haben auch [5] untersucht. Zwei Delfine, Bob und Toby, waren 15 Jahre alt und lebten in einem großen Aquarium in Orlando (USA). Beide Delfine hatten zuvor Erfahrungen in der Ultraschallortung gemacht und haben bei einem Langzeitexperiment teilgenommen, wobei es darum ging, mit Symbolen auf einer Unterwassertastatur mit dem Menschen zu kommunizieren. Eines der Ergebnisse beim Umgang der Delfine mit diesem Versuch war das Aufkommen von spontanem Zeigen. Die beiden Delfine zeigten auf Objekte, wenn sie wollten, dass Menschen sich mit diesen Objekten befassten. Die Delfine nahmen folglich die menschliche Perspektive ein, wenn sie auf etwas zeigten. Aus wissenschaftlicher Sicht ist es aber noch unmöglich zu klären, ob das spontane Verhalten der Delfine tatsächlich planvoll war.

Der nächste Versuch in einem acht Meter tiefen Aquarium sollte direkter die Planungsfähigkeit von Delfinen aufdecken. Die beiden Delfine sollten beschwerte Zylinder aus Kunststoff von einem Ort zum anderen tragen. Jeder Zylinder war oben mit einem im Wasser schwebenden Ring verbunden, um es den Tieren leichter zu machen, diese Zylinder zu transportieren (weil sie bekanntermaßen nicht über Gliedmaßen verfügen). Die Aufgabe bestand darin, vier dieser zylindrischen Gewichte in einem Apparat fallenzulassen, damit unten aus dem Apparat ein Fisch als Belohnung herauskommt. Der Apparat war ein Meter hoch und hatte einen quadratischen Umfang von $30 \, cm^2$, der aus Plexiglas bestand. Im Innern dieses Apparates war ein Kasten installiert, der hinauf und hinab gleiten konnte. Der Auftrieb des Kastens durch das Wasser zwang ihn innerhalb des Apparates aufzusteigen bis er von einer Querstange gestoppt wurde. Eine Kammer im Apparat, unterhalb des schwimmenden Kastens, wurde genutzt, um darin Fische zur Belohnung für die Delfine zu hältern. Die Fische in der Kammer konnten den Apparat durch eine Öffnung nicht verlassen, solange der Kasten im Apparat noch oben war. Wurde der Kasten nun oben mit genügend Gewichten beschwert, sank dieser innerhalb des Apparates hinab. Sank er weit genug, konnten die gehälterten Fische den Apparat verlassen und wurden so zur Beute der Delfine (Belohnung). Damit aber die Fische den Apparat unten verlassen konnten, musste der Kasten im Apparat oben mit mindestens vier Gewichten beschwert werden, damit er dafür tief genug sank. Jedem der beiden Delfinen wurde dieser Apparat in seiner Funktionsweise zunächst vorgeführt. Ein Taucher zeigte beiden Delfinen, getrennt voneinander, die Kammer des Apparates mit den Fischen. Dann nahm der Taucher ein Gewicht und ließ ihn in den Apparat fallen. Weil der Fisch aber den Apparat unten noch nicht verlassen konnte, nahm der Taucher ein weiteres Gewicht und ließ es in den Apparat fallen. Diese Prozedur ging so weit, bis vier Gewichte sich in diesem Kasten befanden und er deswegen soweit sank, dass der Fisch aus dem Apparat freikam. Es ist wichtig zu betonen, dass der Taucher immer nur ein Gewicht nacheinander in den Kasten hineinfallen ließ.

Für jeden Versuch stand nun ein Delfin und acht Gewichte zur Verfügung, die rund um den Apparat auf dem Boden des Aquariums aufgestellt worden waren. Die Versuche starteten, wenn die Delfine selbst begannen, Gewichte in den Apparat fallen zu lassen. Jeder Delfin war für sich allein, konnte folglich nicht vom anderen beobachtet werden. Jedem Delfin wurden 50 Versuche zugestanden. Das Ergebnis war, dass jeder Delfin erfolgreich im Verlauf der 50 Versuche, mit der Ein-Gewicht-Strategie beim Transport, an die Belohnung kam.

Das war aber den Forschern noch zu wenig an gezeigter rationaler Intelligenz. Sie überlegten nun, ob die Delfine vielleicht nur nicht motiviert genug waren, eine effizientere eigene Methode zu entwickeln. Waren die Gewichte vermutlich zu nah am Apparat aufgestellt? Im nächsten Versuch wurden daher die Gewichte nun 50 m vom Apparat weiter weg aufgestellt. Bei dieser Entfernung wäre nun der Aufwand für die Delfine viel größer, wenn sie bei ihrer Strategie (ein Gewicht pro Gang zum Apparat) bleiben würden. Wieder wurde jedem Delfin 50 Versuche zugestanden. Dieses Mal änderten die Delfine aber sofort ihre Strategie [5]. Der eine Delfin nahm jetzt im Schnitt 1,9 Gewichte auf einmal bei den ersten zehn Versuchen auf. In weiteren Versuchen stieg seine Zahl sogar auf drei Gewichte pro Schwimmgang. Der andere Delfin war in der Lage gleich vier Gewichte pro Schwimmgang zu transportieren, sodass er nur noch einen Schwimmgang benötigte, um seine Belohnung zu kassieren.

Die Delfine haben zuvor nie gesehen, dass der Taucher mehrere Gewichte gleichzeitig transportiert hatte. Wenn es beim Verhalten der Delfine folglich nur um Nachahmung gegangen wäre, hätten die Delfine auch bei einer größeren Entfernung zwischen Gewicht und Apparat ein Gewicht nach dem anderen transportiert. Wenn aber die Delfine in der Lage sind, ihr eigenes Verhalten zu planen, dann wäre es effizienter, gleich mehrere Gewichte gleichzeitig zu tragen. Die effizienteste Methode wäre es gewesen, bei einem Versuch gleich alle vier Gewichte aufzusammeln und in den Apparat fallen zu lassen. Dass beide Delfine unabhängig voneinander ihre Strategie änderten zeigt, dass Delfine in der Lage sind zu planen und rationale Intelligenz dabei zeigen. Einige Punkte sind aber jetzt zu beachten.

Erstens: das Verhalten, mehrere Gewichte zu tragen und sie in einen Apparat fallen zu lassen, war kein delfinähnliches Verhalten. Dieses Verhalten gehört auch nicht zu ihrem üblichen Repertoire. Sie haben nie zuvor gesehen, dass ein Taucher oder ein anderer Delfin mehrere Gewichte auf einmal transportierte.

Zweitens: es ist nicht glaubhaft, dass das Auftreten des Tragens mehrerer Gewichte gleichzeitig eine zufällige Veränderung des Verhaltens war.

Die Delfine nutzten vorher diese Option nie, solange die Gewichte sich noch in der Nähe des Apparates befanden, aber sofort damit begannen, als der Weg für sie viel weiter wurde. Folglich entwickelten die Delfine einen einfachen Plan. Der Plan ging so weit, dass ein Delfin es schaffte, mit nur einem Gang (durch den Transport von vier Gewichten gleichzeitig) sich die Belohnung zu verdienen.

Der überzeugendste Beweis für Planung ist, wenn ein Tier die Fähigkeit besitzt, neuartige und geeignete Verhaltensweisen zu entwickeln, wenn es die Situation erfordert. Das haben die zwei Delfine bewiesen. Das Planungsgeschick der Delfine zeigt, dass dafür die Fähigkeit einer Sprache zu nutzen nicht notwendig war. Die Fähigkeit einen Plan zu entwickeln erlaubt Individuen mehr zu tun als nur auf Umweltreize zu reagieren. Ein Verhalten zu planen erlaubt einem Organismus Energie zu sparen durch das Begrenzen von Verhaltensweisen auf solche, die am effizientesten und am wahrscheinlichsten zum Ziel führen. Planung kann Organismen auch ermöglichen, kostspielige, vielleicht auch tödliche Fehler zu vermeiden. Außerdem kann Planung sich mit Irrwegen beschäftigen, auf die die Evolution sie sonst nicht vorbereitet hat [5]. Nach [22] gilt es als gesichert, dass Delfine sofort in der Lage sind, ein Signal von einer anderen Art (hier der Mensch) zu verstehen, nämlich das „Zeigen". Das wurde bei keiner anderen Tierart bisher bemerkt.

Unklar war bisher auch, ob Delfine Echoortung nutzen, um ihre Umgebung abzubilden und die Entfernung, Form und Größe von Objekten zu messen. All das zeigt, dass Delfine komplexe Kommunikations- und Verständnisfähigkeiten haben, weshalb sie neuerdings als die geistigen Cousinen der Schimpansen betrachtet werden.

Tümmler (Delfinart) und Orcas (Schwertwale) in Gefangenschaft wurde erfolgreich beigebracht, eine Reihe von Handlungen zu wiederholen. Tümmler verändern sogar einige beigebrachten Verhaltensweisen und erfanden neue [23]. Mit der Zeit machten sie ihr Spiel komplexer und schwieriger. Das ist wohl ein Kennzeichen von Intelligenz. Innovatives Spielen ist auch bei wilden Tümmlern bekannt. Ein Tümmler kann Stimmen und Geräusche nachmachen und wird als der größten nicht-menschliche Stimmenimitator angesehen [24]. Delfine haben eine einmalige Kombination von Fähigkeiten unter nicht-menschlichen Spezies. Sie können Verhalten und Töne nachahmen, ohne vorher besonders dafür geprobt zu haben. Tümmler können Menschen auch auf Gegenstände hinweisen. Wie machen sie das? Indem sie ihre Vorwärtsbewegung stoppen, oft etwa zwei Meter von dem Objekt entfernt, ihre Hauptkörperachse für einige Sekunden darauf ausrichten, um dann abwechselnd den Kopf zwischen dem Gegenstand und dem Menschen hin und her zu drehen. Diese Verhaltensart geschieht nicht, wenn Menschen nicht in der Nähe sind [25].

5.1.4 Oktopusse

Zusammenfassung Oktopusse, oder auch „Kraken" genannt, gehören zu den intelligentesten Tieren auf unserem Planeten. Sie verfügen nicht nur im Kopf über Gehirnzellen, sondern auch in den Tentakeln. Das ermöglicht ihnen, sehr schnell und effizient auf Umweltreize zu reagieren. Das Bedauerliche ist dabei aber, dass ihr Leben sehr kurz ist (1,5 Jahren) und auch dass sie sich alles selbst beibringen müssen. Lernprozesse durch andere finden, auch wegen ihrer kurzen Lebenszeit, leider nicht statt. Sie verfügen über eine innere Landkarte von ihrem Jagdgebiet. In diesem entkommen sie regelmäßig durch Tricks und Täuschungsmanöver den überlegeneren Räubern. Ihre Kreativität wird nur noch von ihrer Beobachtungsgabe übertroffen und es ist höchst erstaunlich, was sie mit diesen Gaben alles bewerkstelligen.

In der Fernsehsendung „Mysterien des Weltalls" mit Morgan Freeman (US-amerikanischer Schauspieler, Moderator, Regisseur und Produzent) wurde der Oktopus *(Cephalopoda)*, oder auch Krake genannt, als besonders intelligent beschrieben. Was hat es damit auf sich? Was gibt die internationale wissenschaftliche Literatur dazu her? Das klären wir jetzt auf.

Vor neun Jahren beobachteten Forscher in der Nähe der Insel Bali (Indonesien) Oktopusse, wie sie auf dem Meeresboden Kokosnusshälften mit sich trugen und sie versteckten. Oktopusse sind mit sechs Armen und zwei Beinen ausgestattet, also mit insgesamt acht Extremitäten. Während einige Arme nach der Kokosnussschale griffen, krabbelten die anderen Extremitäten quer über dem Ozeanboden zu einer Höhle. Die weichen Oktopusse würden sich dann unterhalb oder in der Kokosnussschale verstecken, also benutzen sie sie als schützenden Unterschlupf. Offensichtlich haben die Oktopusse für die Zukunft geplant und wägten zuvor die Vor-. und Nachteile ab. Während sie mit Kokosnussschalen herumlaufen, sind sie durch Raubfische gefährdet, aber in oder unter einer Kokosnussschale sind sie sicher. Sogar Krabben sind auf eine derartige Idee gekommen, nämlich Gegenstände zu transportieren für den eigenen Schutz, die gleichzeitig als Versteck dienen [26].

Oktopusse gehören zu den „Weichtieren" *(Mollusca)*, wozu zum Beispiel auch die Schnecken zu zählen sind. Als Besonderheit haben sie die acht Extremitäten und drei Herzen. Nachfolgend einige besondere Fakten über die Oktopusse:

Erstens: das Wort Oktopus kommt aus dem Altgriechischen und bedeutet „Achtfuß".

Zweitens: wie ein Netz zieht sich das Gehirn des Oktopusses durch seinen gesamten Körper –vom Kopf bis in die Tentakelspitzen. Kein Wunder also, dass Oktopusse als die intelligentesten wirbellosen Tiere der Welt gelten.

Drittens: ist Gefahr im Verzug, stoßen Oktopusse, wie auch Tintenfische, eine tintenähnliche Flüssigkeit aus. Diese nimmt Angreifern nicht nur die Sicht, sondern stört auch deren Geruchssinn (aus GEO unter https://www.geo.de/geolino/ natur-und-umwelt/22072-rtkl-tierwelt-fuenf-erstaunliche-fakten-ueber-oktopusse).

Oktopusse haben einen einzigartigen flexiblen Körper und einen ungewöhnlichen Körperbau, sind aber trotzdem ein großer Erfolg der Evolution. Sie konkurrieren sehr erfolgreich mit den Wirbeltieren um denselben Lebensraum. Dafür nutzen sie ihr reichhaltiges Repertoire eines intelligenten Raubfisches und ein extrem wirksames Defensivverhalten, wie beispielsweise schnelles Schwimmen und die erstaunliche Fähigkeit ihre Körperform und Farbe der eigenen Umgebung anzupassen. Das sichtbarste Merkmal eines Oktopusses sind seine acht langen und flexiblen Extremitäten. Aber diese richtig einzusetzen, stellt eine große Herausforderung für das Tier dar. Wegen seiner Anatomie ist es nicht möglich, alle sensorischen Informationen nur von einer zentralen Stelle (Gehirn) zu verarbeiten. Deshalb können Kraken auch mit den Tentakeln „denken", in denen ein Teil der Neuronen des großen Nervennetzes steckt. Deshalb wird bei den Oktopussen gerne von einer „verkörperten Intelligenz" gesprochen. Das entlegene Nervensystem berechnet Reaktionen auf Reize selbständig und diese Reize müssen nicht, wie bei den Wirbeltieren, den Umweg über das zentrale Gehirn machen [27].

Auch nach [28] sind Oktopusse hoch intelligent und erkennen schnell komplexe Zusammenhänge. Aber als asoziale Geschöpfe stirbt leider ihr erworbenes Wissen mit ihnen und ihr Lebensalter beträgt, wie bereits erwähnt, nur bis zu 18 Monate.

Die meisten Jungtiere, die aus den Eiern schlüpfen, werden im Wasser, als Teil des Planktons, zur Beute von Jägern. Kaum auf dem Seeboden angekommen, in der Regel weit weg von der Stelle, wo die Eiablage stattgefunden hat, müssen sie nach dem Schlüpfen aus dem Ei sehr schnell lernen zu überleben. Was Oktopusse alles innerhalb kurzer Zeit lernen, zeigten Versuche im Münchener Zoo. Ein fünf Monate altes Weibchen konnte einen Schraubdeckel öffnen, dessen Gefäß Krabben enthielt. Das geschah durch das Pressen ihres Körpers auf dem Deckel, wobei ihre acht Extremitäten sich seitlich an das Gefäß klammern und sie den Körper dabei hin und herdrehte. Offensichtlich hat sie diesen Trick bei der Beobachtung menschlicher Hände abgeschaut [29].

In einem Aquarium in Coburg mit Oktopussen wurde nachgeschaut, warum es immer wieder zu Blackouts gekommen war. Dabei kam heraus, dass die Oktopusse lernten, das Licht auszumachen, indem sie sich zum Rand des Aquariums schwangen und mit einem dort installierten Siphon einen Wasserstrahl auf die 2000-W-Lichtquelle richteten [29].

Oktopusse haben auch eine innere Landkarte des Gebietes in dem sie jagen. Bei der Jagd gehen sie systematisch vor. Nacheinander werden verschiedene Teile ihres Revieres in den Folgetagen aufgesucht [30]. In kontrollierten Laborversuchen lernten die Oktopusse in einem Labyrinth zu navigieren und optimierten dabei ihre Routen. Sie fanden Abkürzungen, als sie sich mit diesem Irrgarten beschäftigten und eine vollständige innere Karte davon anfertigten [30].

Alle Oktopusse können durch Farbänderungen ihre äußere Erscheinung dramatisch verändern. Das gilt auch für ihre Gestalt und für die Beschaffenheit ihrer Haut [31]. Einige Arten können sich selbst derartig verkleiden, dass sie in der Lage sind, Gestalt und Bewegungen anderer Tierarten nachzuahmen. Eine karibische Oktopus Art, die sich gerne im sandigen Untergrund aufhält, verkleidet sich selbst als Flunder (ein flacher Bodenfisch), indem sie ihre Farbe, Form und Schwimmverhalten nachahmt [32]. Eine indonesische Oktopusart *(Thaumoctopus mimicus)* lernt die Form, Farbe und Bewegungen von verschiedenen giftigen und gefährlichen Fischen zu imitieren, um durch Angstauslösung ihrem Fang zu entgehen [33].

Oktopusse können auch zwischen Imitationen hin und her schalten, während sie den Ozeanboden durchqueren. Anscheinend bringen die Oktopusse sich diese Tricks selbst bei. Forscher haben alle beobachteten Oktopusse voneinander getrennt (in einem Abstand zwischen 50 und 100 m) und dennoch haben sie alle die erwähnten Tricks angewendet [34].

Bei der Benutzung eines Siphons, um eine Lichtquelle im Aquarium auszuschalten, und bei der Nutzung von Kokosnusshälften, um sich vor Raubfischen zu schützen, wird behauptet, dass es sich dabei um die Nutzung von Werkzeugen handelt. Diese Behauptung ist vollständig gerechtfertigt. Auch die Verhaltensweisen sind sehr kreativ. Darüber hinaus, legt die Nachahmung nahe, dass es sich um eine intelligente Antwort handelt, wenn das Verhalten von Raubtieren kopiert wird, um unerwünschte Begegnungen mit ihnen zu vermeiden. Ein weniger handfester Nachweis einer allgemeinen Intelligenz kommt von viele Aquarianern, die behaupten, dass Oktopusse eine eigene Persönlichkeit haben [35].

In der Entwicklungsgeschichte werden die Oktopusse trotz allem auf den letzten Platz eingestuft, weil sie keine Kooperationen und Kommunikationen mit anderen Artgenossen betreiben. Ungesellige Tierarten vermehren sich folglich über eine große Zahl von Eiern und der Nachwuchs muss sich um sich selbst kümmern, ohne Schutz und Führung durch Eltern zu haben. Diese Tiere lernen nichts von ihren Artgenossen, kooperieren nicht miteinander oder mit anderen Arten und geben nichts an erworbenes Wissen an die nächste Generation weiter. Deshalb ist es leider typisch, dass nur ein kleiner Prozentsatz von ihnen das Erwachsenenalter erreicht.

5.1.5   Das Zählen

Zusammenfassung Ein besonderes Merkmal bei der Definition der rationalen Intelligenz ist das Zählen. Viele Vogelarten, aber auch andere Tierarten sind in der Lage zwischen „viel" und „wenig" zu unterscheiden. Diese Eigenschaft ist nicht unerheblich, da sie den Vögeln hilft, die richtigen Entscheidungen zu treffen. Nachgewiesenermaßen können einige Vogelarten bis vier zählen. Interessant war die Methode, wie diese Fähigkeit genau ermittelt worden ist. Auch Fische oder Insekten sind in der Lage zu zählen, aber kommen über die Zahl vier auch nicht hinaus. Für Wildtiere ist es nicht so überlebenswichtig bei größeren Stückzahlen ganz genau zählen zu können.

Eine Vorstellung von Zahlen zu haben kann ein großer evolutionärer Vorteil sein, wenn zum Beispiel abgeschätzt werden muss, wie groß die Anzahl von Feinden um ein Tier herum ist, denn davon hängt es in der Regel ab, ob dieses Tier eher zum Angriff übergeht oder besser flüchtet.

Um festzustellen, ob Tiere tatsächlich zählen können, wurde zunächst der Hund ausgewählt. Das interessiert hier aber nicht, weil es sich um ein Haustier handelt. Da interessanterweise Aborigines in Australien in ihrer Ursprache auch nur bis vier zählen konnten, erwartete man von Wildtierarten deshalb nicht, dass sie mehr zu leisten imstande sind.

In der Entwicklungsgeschichte der Wildtiere war es nicht so wichtig, ganz genau zählen zu können. Ähnlich große Stückzahlen sind für Wildtiere schwierig zu unterscheiden, aber nicht, wenn sich zwei Stückzahlen stärker unterscheiden. Zum Beispiel, wenn Frösche *(Bombina orientalis)* sich zwischen zwei Futterstellen entscheiden müssen, ist die Wahl über die Anzahl von drei oder vier Insekten pro Futterstelle eher zufällig, aber nicht mehr zufällig, wenn es um drei oder sechs Insekten geht. Je höher die Stückzahl wird, desto ungenauer wird das Zählen. Obwohl Frösche gut zwischen zwei und vier Objekte unterscheiden können, versagen sie bei der Unterscheidung zwischen vier und sechs Objekten, aber können sehr gut zwischen vier und acht unterscheiden [36]. Größere Unterschiede in Stückzahlen festzustellen, bringt sicherlich größere evolutionäre Vorteile und sind wichtig für das Überleben. Wilde Tiere haben auch Vorteile, wenn sie kleinere Stückzahlen auseinanderhalten können, als große. Beispiel: es ist vorteilhafter für ein Wildtier, wenn es zwischen eine und zwei Einheiten (Feinde oder Futterstellen) unterscheiden kann, weil es sich dabei immerhin um eine Verdoppelung handelt (Faktor 2), während der Zuwachs zwischen zehn und elf nur den Faktor 1,1 ausmacht [37]. Wieweit können aber Wildtiere tatsächlich zählen? Dazu liefert eine Krähe *(Corvidae)* ein Beispiel. Diese sollte bejagt

werden. Um den Vogel zu täuschen, wurden zwei Jäger losgeschickt. Die Jagdstrategie sah so aus, dass zwei Jäger losmarschierten. Einer sollte in einem in der
Nähe befindlichen Unterstand verbleiben und der andere zur Täuschung einfach
weitergehen. So hoffte man den Vogel zu verwirren um in eine günstige nähere
Schussposition zu kommen. Das gelang aber nicht, weil die Krähe das Manöver
durchschaute. Der Trick funktionierte auch nicht mit drei Jägern, wobei nun zwei
zur Täuschung weitergingen. Erst bei der Anzahl von fünf Jägern, wobei vier
weitergingen, war die Krähe überfordert und die Täuschung gelang. Der Vogel
näherte sich wieder dem Unterstand, wo sich der eine Jäger schießbereit aufhielt.
Es ist leider nicht überliefert, ob der Vogel, ob dieser Leistung, verschont worden
ist.

Eine bis heute ungeklärte Frage ist, wie einzelne Wespenarten Ihre Beute an
ihre Nachkommen verteilen. Eine Art begnügt sich mit einem Beuteobjekt, eine
andere mit fünf, eine Dritte mit zehn Beutetieren. Die Anzahl der überlassenen
Beutetieren ist immer konstant. Wie „zählen" diese Wespenarten (alle Experimente dargestellt in [4])? Das ist bis heute ungeklärt.

Die Fähigkeit des Zählens ist auch bei Fischen vorhanden und bei vielen Arten
gehört es zum eigenen Lernprogramm [38]. Das Grundprinzip in der Fischschule
besteht darin, dass es ihnen Sicherheit in den Zahlen gibt. Je größer eine Gruppe,
in der sich ein Fisch befindet, desto größer ist seine Sicherheit. Dementsprechend
kann man einem Fisch Schwärme von unterschiedlicher Größe zeigen, und seine
Auswahl des Schwarms zeigt uns seine Fähigkeit zwischen zwei Schwärme zu
unterscheiden, auch wenn es sich nur um Schätzungen handelt [39].

Die Fähigkeit des Zählens als eine Fähigkeit der rationalen Intelligenz, ist im
Tierreich weit verbreitet. Interessanterweise beschränkt sich diese Fähigkeit, nur
bis vier zählen zu können. Da gilt auch für Insekten, gezeigt am Beispiel der
Bienen [40].

5.1.6 Das KEA-Model

Zusammenfassung Der Kea ist eine neuseeländische Bergpapageienart, die
die Wissenschaftler derartig fasziniert hat, dass sie zu einem der beliebtesten
Forschungsobjekte geworden ist. Ihrem Ruhm hat sie ihrer seltsamen Biologie,
Neugierde und Spielfreude zu verdanken. Außerdem verfügt sie über eine hohe
technische Intelligenz. Besonders schnell lernt sie durch Beobachtungen, ist aber
auch in der Lage eigene Konzepte zu entwickeln, wie einige Experimente deutlich
zeigen. Dieser Papageienart fehlt die Angst vor Neuerungen und sie ist bei Versuchen mit Gegenständen immer begierig mitzuarbeiten.

Zielgerichtete vorausschauende Planung zur Lösung von Problemen ist nicht
nur eine Sache von Werkzeug nutzenden Arten, sondern auch von Tieren, die eine
große Neugierde und einen Forschungsdrang zeigen, wie beispielsweise der Kea
(Nestor notabilis), eine neuseeländische Bergpapageienart. Diese Tierart eignet
sich besonders gut zur Erklärung der Entwicklung von Erkenntnis und rationaler

Intelligenz. Diese Art erhielt große Aufmerksamkeit in der Fachwelt, nicht nur wegen ihrer seltsamen Ökologie, sondern auch wegen ihrer Spielfreude und Neugierde. Deshalb hat diese Papageienart, auch noch wegen ihrer technischen Intelligenz, es sogar zu einem eigenen Erklärungsmodell in der Wissenschaft gebracht [41].

Diese Papageien sind kühn, raffiniert destruktiv und ihre Nahrungssuche ist ein ganz offener und opportunistischer Vorgang. Sie probieren alles aus, was funktioniert. Anstatt neue Lebensräume zu erobern, wie es charakteristisch für rational intelligente Vögel wäre (etwa bei Raben), bevorzugt diese Papageienart eine opportunistische Futtersuche, die eine extreme Breite an Nahrungsmitteln erlaubt, wie mehr als 100 verschiedene Pflanzenarten, ergänzt durch Insekten, Eiern, Küken anderer Vogelarten und sogar Tierkadaver. Vielleicht war das auch der Grund, warum diese Papageienart die Massenzerstörung durch menschliche Ansiedlungen überlebt hat, während gleichzeitig eine große Artenzahl ausgelöscht worden ist. Sogar die Verwüstung der Flora und Fauna durch Schafhaltung gereichte zum Vorteil dieser Papageienart, weil sie sich zunächst auf die Schaf-kadaver stürzten und später sogar auf lebendige Schafe. Futtersuche ist nicht nur ein opportunistisches und innovatives Verhalten, sondern auch sehr ausbeuterisch und destruktiv. Aushebeln und Drücken sind ihre hervorragenden Verhaltenseigen-schaften bei der Objektbearbeitung. Sie zeigen auch eine große Bandbreite an sozialen Verhaltensweisen. Diese affenähnliche Kombination von ausbeuterischer Futtersuche, hohe Gesellschaftsfähigkeit, extreme Flexibilität im Verhalten und ihre Nachsicht gegenüber der eigenen Jugend scheint die ideale Voraussetzung für wissenschaftliche Studien über soziales und handwerkliches Wissen von nicht-menschlichen Tieren zu sein. Dieser Papageienart fehlt auch noch die Angst vor Neuerungen und sie ist bei Versuchen mit Instrumenten immer begierig mitzu-arbeiten.

Nachstehend nun einige Beispiele rationaler Intelligenz dieser Papageienart: ein Baustein für rationale Intelligenz ist das Lernen durch Beobachtung. In vielen Fällen können Tiere die Nahrung nicht in ihrer natürlichen Form aufnehmen, sondern müssen vorher besondere Tätigkeiten ausüben, um den essbaren Anteil zu fressen. Es ist zeitlich und energetisch eine aufwendige Aktivität, eingebettetes Futter zu öffnen. Deshalb ist eine schnelle Aneignung der Futterverarbeitungsver-fahren durch Beobachtungen hochqualifizierter Artgenossen ein praktischer Vor-teil.

Der Versuch dazu lief wie folgt ab: ein großer Kasten musste geöffnet werden, um an das Futter zu kommen. Er war mit einer Klappe in der Weise verschlossen, dass dafür mehrere Sperrvorrichtungen überwunden werden mussten [42]. Für die notwendige Bearbeitung zur Überwindung der Sperren, bedurfte es des Drehens einer Schraube, des Herausziehens eines Metallstabes und des Herausstoßens eines Bolzens. Das Experiment fand in einer Voliere statt. Der Versuch wurde mit Geschwistern durchgeführt, die zusammenlebten seit sie sechs Monate alt waren. Nach der Methode der schrittweisen Annäherung haben zwei Männchen zunächst eine Einführung erhalten, wie dieser Apparat zu öffnen ist. Die beiden Vögel wurden erst eingesetzt, nachdem sie als „eingearbeitet" gegolten haben.

Fünf weiteren „Beobachtern" wurde erlaubt, die Vorführung für insgesamt 200 min zu sehen, in einem Zeitraum von drei Tagen. Auf diese Weise erlebten die fünf „Beobachter" etwa 50 Öffnungen dieser Kiste. Danach wurden sie einzeln an drei Folgetagen getestet. Der Test wurde auch noch mit fünf „Ahnungslosen" gemacht. Die Ergebnisse lieferten starke Anzeichen für soziale Effekte bei der Objekterforschung und Problemlösung bei den Bergpapageien. Die fünf „Beobachter" zeigten gegenüber den fünf „Ahnungslosen" eine größere Ausdauer bei den Manipulationstätigkeiten, mehr Aufwand bei der Erkundung und größeren Erfolg bei der Überwindung der Sperrvorrichtungen. Es konnte auch beobachtet werden, dass die Papageien mehr durch die Erfordernisse des Objekts gelenkt worden waren, als durch das Verhalten anderer Individuen.

Ein anderes Experiment war das „Strippen-ziehen", das als Beispiel für eine Erkenntnis dient, um Futter, das sich außer Reichweite befindet, zu bekommen. Das Gerät bestand aus einer hölzernen Vogelstange (170 cm lang), die an beiden Enden auf einer Höhe von 170 cm fixiert worden war. Zunächst sind die Papageien angehalten worden, einen mit einem Köder bestückten Objekt, das von der Vogelstange einer 70 cm langen Schnur herunterhing und so keinen direkten Zugang erlaubte, hochzuziehen. Die Papageien waren hochmotiviert, die Belohnung zu bekommen und die meisten von Ihnen zeigten außergewöhnliche Erfolge. Sie lösten das Problem, die Schnur hochzuziehen, schnell durch die Koordination zwischen dem Schnabel und einem Fuß. Die echte Herausforderung dieses Versuchs war die Zusammensetzung der einzelnen Aktionen zu einem zusammenhängenden Ganzen. Nun ging es in weiteren Versuchen darum, an mehreren farbigen Strippen zu ziehen, wobei nur an einer Strippe das Futter hing. Es wurden auch Strippen aufgebaut, die in komplexen räumlichen Beziehungen zu einander standen (etwa gekreuzt). Es ging nun darum festzustellen, ob die Wahl der richtigen Strippe durch die Papageien spontan geschieht oder durch Ausprobieren. Wieder erwiesen sich die Papageien als sehr effizient und zeigten große Erfolge bei den unterschiedlichen Aufgaben. Sie waren sehr aufmerksam, was die Enden der Strippen angingen und konnten gut den Weg der einzelnen Strippen nachverfolgen. Bei zwei Strippen konnten die Vögel spontan unterscheiden, an welcher von denen das Futter hing. Nur zwei von sieben Individuen lagen im ersten Versuch daneben, aber keines mehr in den folgenden zwei Versuchen. Bei gekreuzten Strippen kam es im ersten Versuch nicht zu einer sofortigen Lösung. Nur ein Vogel wählte die korrekte Strippe im ersten Versuch, und scheiterte bei den folgenden 29 Versuchen lediglich zwei Mal. Drei Vögel lernten schnell nach dem Scheitern im ersten Versuch, mit nur sechs Fehlern in den folgenden 29 Versuchen. Nur zwei Vögel verharrten zunächst auf dem Zufallsniveau, um danach überwältigend korrekt zu sein, mit 26 richtigen Antworten bei 30 Versuchen [41] Diese Leistung ist nicht einmal von den Primaten zu schlagen [43]. Diese Papageienart löste das Problem des „Strippen-ziehens" aufgrund von Verständnis.

Eine andere Aufgabe war die „Entfernung einer umgekehrt aufgestellten leeren Büchse": Dieser Versuch wurde unternommen, um einen fairen Vergleich zwischen freie und in Gefangenschaft lebenden Papageien zu erlauben. Für diese Aufgabe musste diese Büchse vom Ende einer schräg aufgestellten Stange nach oben geschoben werden, bis sie zu Boden fiel [41]. Eine derartige Herausforderung ist im Freiland nichts Ungewöhnliches. Als Belohnung gab es Butter, die an der Innen- und Außenseite der Büchse beschmiert worden war. Wenn die Büchse von der Stange fällt, gibt sie den vollen Zugang zu der Butter frei. Die Büchse war so hoch positioniert, dass ein Papagei diese Aufgabe nicht hätte lösen können, indem er vom Boden aus diese Büchse mit dem Schnabel hochschob. Stattdessen war der Vogel gefordert, auf die Stange hochzuklettern und die Büchse mit dem Schnabel hochzuschieben bis sie herunterfiel, alles zur gleichen Zeit. Die Forscher dachten, dass die größte Herausforderung darin bestehen würde, das Objekt in die richtige Position zu bringen [44]. Bevor aber mit dem Feldexperiment gestartet wurde, wurde das Gerät auch gefangenen Papageien separat in Wien gezeigt. Zwei von ihnen entfernten die Büchse während der ersten Versuchsserie, jeweils zwei bei der dritten und vierten Serie. Zwei Vögeln gelang dieses Kunststück überhaupt nicht. Ihnen wurde „Nachhilfe" durch Demonstrationen gegeben und waren dann auch in der Lage, es nachzumachen. Um zu testen, ob die Vögel nur deswegen so schnell die Büchse entfernen konnten, weil ihnen der Zusammenhang zwischen Stange und Büchse bewusst war, wurde ihnen ein Gerät mit zwei Stangen vorgesetzt. Ein blauer Stock wurde vertikal oder horizontal an der Stange so befestigt, dass nur an einem Ende der Stange die Büchse entfernt werden konnte. Alle sechs Vögel haben den Plan durchschaut und sofort die richtige Wahl getroffen und das sechs Mal hintereinander. Bei den frei-lebenden Tieren sah die Sache anders aus. Sie waren zwar an der Sache interessiert, allerdings gelang dies nur einem Tier zweimal bei 25 Sitzungen. Wurde den Freilandvögeln ein Demonstrator zur Seite gestellt, half dies auch nicht besonders. Lediglich zwei von elf Tieren gelang dann dieses Kunststück.

An dieser Stelle möchte ich noch einmal daran erinnern, was auch Konrad Lorenz bereits feststellte, nämlich, dass Intelligenztests bei Tieren stark von ihrer Umgebung beeinflusst sind und Labor- und Freilandversuche nicht identisch sind. Es ist kaum anzunehmen, dass die Freilandpapageien dümmer waren. Hier spielt die Konditionierung wohl eine starke Rolle.

Das nächste Experiment mit den Keas war das „Öffnen eines Mülleimers". An der Außenseite eines Hotels befand sich eine Mülltonne. Die Papageien öffnen den Deckel regelmäßig während der Nacht oder am frühen Morgen. Das Hotelpersonal beobachtete dieses Verhalten schon seit Jahren. Das zog die Aufmerksamkeit von Forschern an, weil das Öffnen einer Mülltonne wegen der darin enthaltenen Speisereste ihnen ein ideales Beispiel für ein erfinderisches Vorgehen zu sein schien [45]. Die Forscher waren daran interessiert zu erfahren, in welchem Ausmaß diese neuartige Technik im Verband erlernt und in der örtlichen Population verbreitet wurde. Interessanterweise schafften nur fünf der 36 in der Umgebung der Mülltonnen sich bekanntermaßen aufhaltenden Tiere das Öffnen der Mülltonne. Andere 17 Vögel wurden dabei gesehen, wie sie um Futter gebettelt haben. Selbst haben sie aber nie den Versuch unternommen, die Mülltonnen zu öffnen. Das Betteln erklärt aber nicht deren Unfähigkeit, weil als „Mülltonnenöffner" hat man als „Lohn" eigentlich mehr und besseres Futter als wenn man „nur" bettelt. Die Wissenschaftler waren nicht in der Lage, eine Erklärung für die erfolglosen Tiere zu finden. Wegen der Größe des Mülltonnendeckels waren die Vögel nicht in der Lage, den Deckel bis zur senkrechten Position anzuheben, um ihn dann nach hinten fallen zu lassen. Es schien so, dass außer den fünf „besonders Schlauen", kein Vogel den Schlüssel dafür gefunden hat, die räumliche Beziehung zwischen Deckel und Mülleimer zu verstehen. Würde wegen der mangelnden Sachkenntnis die sklavische Nachahmung des Verhaltens der Deckelöffnung der letzte Ausweg sein? Übrigens, zwei „Mülltonnenöffner", 15 und 17 Jahre alt, waren viel effizienter als drei bis vier Jahre alte Tiere. Die älteren Tiere waren im Durchschnitt 12 Mal erfolgreicher. Das weist darauf hin, dass das individuelle Erlernen dieser Technik hier im Vordergrund steht und das gesellschaftliche Lernen hier nur eine untergeordnete Rolle spielt.

Wie beim letzten Experiment kommt man zu dem Schluss, dass wilde Papageien Probleme haben Aufgaben zu lösen, bei denen sie die Position eines Objekts im Verhältnis zu einem anderen betrachten müssen. Ein Grund dafür kann sein, dass die Futtersuche im Freiland diese Fähigkeit nicht erfordert. Tierhaltung in Gefangenschaft bietet den Vögeln aber viele Demonstrationen von komplizierten Objekthandhabungen an, wie Futter auf eine Schaufel zu harken und es dann in einen Eimer zu kippen. Tiere in Gefangenschaft sind ganz anders konditioniert und deswegen ist es wichtig darauf hinzuweisen, unter welchen Umständen die Tiere getestet worden sind. Intensiverer Umgang mit Menschen kann bei den Vögeln in einer technischen Atmosphäre zu menschenähnlichen geistigen Fähigkeiten führen, die die wilden Artgenossen nicht besitzen müssen, um zu überleben [41].

Literatur

1. Zorina ZA (2005) Animal intelligence: laboratory experiments and observations in nature. Entomol Rev 85(Suppl 1):42–54
2. Lubbock J (1889) On the senses, instincts, and intelligence of animals with special refere to insects. Kegan P Trench & Co., ePUB
3. Burkart JM, Schubiger M & van Schaik CP (2016) The evolution of general intelligence. Behav Brain Sci 6:1–64. (Lubbock J (1889) On the senses, instincts, and intelligence of animals with special refere to insects. Kegan P Trench & Co., ePUB)
4. Clutton-Brock TH, Harvey PH (1980) Primates, brains and ecology. J Zool 190:309–323
5. Kuczaj SA II, Gory JD, Xitco MJ Jr (2009) How intelligent are dolphins? A partial answer based on their ability to plan their behavior when confronted with novel problems. Jpn J Anim Psychol 59(1):99–115
6. Farris S (2015) Evolution of brain elaboration. Phil Trans R Soc B 370:20150054
7. Roth G, Dicke U (2005) Evolution of the brain and intelligence. Trends Cogn Sci 9(5):250–257
8. Menzel R (2021) A short history of studies on intelligence and brain in honeybees. Apidologie 52:23–34
9. Glock HJ (2019) Agency, intelligence and reasons in animals. Philosophy 94:645–671
10. Matzel LD, Sauce B, Ch, Wass (2013) The architecture of intelligence: converging evidence from studies of humans and animals. Curr Dir Psychol Sci 22:342

11. Colombo M, Scarf D (2020) Are there differences in intelligence between nonhuman species? The role of contextual variables. Front Psychol 11:2072
12. Kamil AC (1994) A synthetic approach to the study of animal intelligence. Behav Mech Evol Ecol 11:45
13. Raup DM (1992) Nonconscious intelligence in the Universe. Acta Astronaut 26(3–4):257–261
14. Barber T (1993) The human nature of birds. St Martin's Press, New York
15. Kamil AC (1987) A synthetic approach to the study of animal intelligence. Papers Biol Sci 35:257–308
16. Chapell J, Kacelnik A (2002) Tool selectivity in a Non-Primate the New Caledonian rows (Corvus modelunoides). Anim Cogn 7:71–78
17. Herrick FH (2022) Instinct and intelligence in birds. LM Publishers, ePUB
18. Giurfa M (1993) The repellent scent-mark of the honeybee Apis mellifera tigustica and its role as communication cue during foraging. Insectes Soc 40:59–67
19. Giurfa M, Zhang S, Jenett A, Menzel R, Srinivasan M (2001) The concepts of „sameness" and „difference" in an insect. Nature 410:930–933
20. Connor RC, Krutzen M (2003) Levels and patterns in dolphin alliance formation. In: de Waal F, Tyack PL (Hrsg) Animal Social Complexity. Harvard University Press, Cambridge, MA, S 115–120
21. Duffy-Echevarria EE, Connor RC, St Aubin DJ (2008) Observations of strand-feeding behavior by bottlenose dolphins (Tursiops truncatus) in Bull Creek. South Carolina. Mar Mamm Sci 24(1):202–206
22. Pope H (2019). An ocean of intelligence. Behaviour. The Save our Seas Magazine. Geneva Switzerland
23. Norris S (2002) Creatures of culture? Making the case for cultural systems in whales and dolphins. Bioscience 52:9–14
24. Whitten A (2001) Imitation and cultural transmission in apes and cetaceans. Behav Brain Sci 24:359–360
25. Xitco MJ, Gory JD, Kuczaj SA (2004) Dolphin pointing is linked to the attentional behaviour of a receiver. Anim Cogn 7:231–238
26. Finn JK, Tregenza T, Norman MD (2009) Defensive tool use in a coconut-carrying octopus. Curr Biol 19(23):R1069–R1070
27. Hochner B (2012) An embodied view of octopus neurobiology. Curr Biol 22(20):887–892
28. Adams SS, Burbeck S (2012) Beyond the octopus: From general intelligence toward a human-like mind. In: Wang P, Goertzel B (eds) Theoretical foundations of artificial general intelligence. Atlantis Press, Paris, S 49–65
29. Seabrook A (2008) "The story of an octopus named Otto", all things considered, National Public Radio, aired November 2
30. Mather JA (1991) Navigation by spatial memory and use of visual landmarks in octopuses. J Comp Physiol A 168:491–497
31. Messenger JB (2001) "Cephalopod chromatophores; neurobiology and natural history. Biol Rev 76(4):473–528
32. Hanlon RT, Watson AC, Barbosa A (2010) A "Mimic Octopus" in the Atlantic: Flatfish Mimicry and Camouflage by Macrotritopus defilippi". Bio Bull 218:15–24
33. Norman MD, Hochberg FG (2006) The 'Mimic Octopus' (Thaumoctopus mimicus), a new octopus from the tropical Indo-West Pacific. Molluscan Res 25:57–70
34. Norman MD, Finn J, Tregenza T (2001) Dynamic mimicry in an Indo-Malayan octopus. Proc R Soc Lond B 268:1755–1758
35. Mather JA (2008) To boldly go where no mollusk has gone before: Personality, play, thinking, and consciousness in cephalopods. Am Malacol Bull 24(1/2):51–58
36. Stancher G, Rugani R, Regolin L, Vallortigara G (2015) Numerical discrimination by frogs (Bombina orientalis). Anim Cogn 18:219–229
37. Nieder A (2020) The adaptive value of numerical competence. Trends Ecol Evol 35(7):605–617

38. Brown C (2015) Fish intelligence, sentience and ethics. Anim Cogn 18:1–17
39. Gómez-Laplaza L, Gerlai R (2011) Can angelfish *(Pterophyllum scalare)* count? Discrimination between different shoal sizes follows Weber's law. Anim Cogn 14:1–9
40. Skorupski P, MaBouDi HD, Galpayage Dona HS, Chittka L (2017) Counting insects. Phil Trans R Soc B 373:20160513
41. Huber L, Gajdon GK (2006) Technical intelligence in animals: the kea model. Anim Cogn 9(4):295–305
42. Huber L, Rechberger S, Taborsky M (2001) Social learning affects object exploration and manipulation in keas, *Nestor notabilis*. Anim Behav 62:945–954
43. Povinelli DJ (2000) Folk physics for apes. The chimpanzee's theory of how the world works. Oxford University Press, Oxford
44. Gajdon G, Fijn N, Huber L (2004) Testing social learning in a wild mountain parrot, the kea *(Nestor notabilis)*. Learn Behav 32:62–71
45. Gajdon GK, Fijn N, Huber L (2006) Limited spread of innovation in a wild parrot, the kea (Nestor notabilis). Anim Cogn 9:173–181

Kapitel 6
Die emotionale Intelligenz

Zusammenfassung Die eigenen und die Gefühle anderer Artgenossen wahrzunehmen ist sehr bedeutend für die Existenz. Viele Wildtierarten sind dazu in der Lage. Emotionen zu haben kann in vielen Situationen lebensrettend sein. Emotionen, wie Angst, führen zu körperlichen Reaktionen, die dem Individuum ermöglichen anzugreifen oder zu fliehen. In beiden Fällen muss der Körper sofort Höchstleistungen vollbringen. Interessant ist noch der Aspekt der Versöhnung, um Konflikte zu lösen oder auch das Gerechtigkeitsempfinden zu befriedigen. Es ist bekannt, dass Primaten das Prinzip der Gegenseitigkeit (wie etwa Futter teilen), Trost, Konfliktbeilegung, Koalitionsbildung, Vergeltung und Strafe für Betrüger oder Schmarotzer kennen. Besonders interessant ist bei den Primaten das zeitliche Entkoppeln einer ausgelösten Emotion (wie eine Provokation) von einer Strafaktion.

Die „emotionale Intelligenz" ist sehr bedeutend. Was heißt eigentlich „emotionale Intelligenz"? Sie bedeutet, die eigenen Gefühle und die Gefühle anderer wahrzunehmen, zu verstehen und sie aber auch beeinflussen zu können. Das Problem ist, dass Emotionen verstanden werden müssen. Wie kann das bei wilden Tieren gelingen?

Wozu dienen Emotionen überhaupt? Es muss irgendetwas Nützliches dabei herauskommen. Unter bestimmten Umständen wird dem Organismus auferlegt in einem besonderen körperlichen und geistigen Zustand einzutreten. Offensichtlich fördert das ihre Interessen eher, als wenn es Emotionen nicht gäbe [1]. Sie führen weiter aus, dass die Emotion ein körperlicher Zustand ist, der durch wichtige biologische externe Reize geweckt worden ist, entweder abweisende oder anziehende. Die Emotion ist mit körperlichen Parametern messbar: Gehirn, Hormone, Muskeln, Eingeweide, Herz, usw. Welche Emotion getriggert wird, ist oft vorhersehbar durch die Situation in der sich das Individuum befindet. Es gibt keine 1:1-Beziehung zwischen der Emotion und dem anschließenden Verhalten. Emotionen kombinieren die individuelle Erfahrung und die geistige Bewertung einer Situation, um den Körper auf eine optimale Antwort vorzubereiten. Es ist

© Der/die Autor(en), exklusiv lizenziert an Springer-Verlag GmbH, DE, ein Teil von Springer Nature 2023
G. Gellert, *Die Wildnis und wir: Geschichten von Intelligenz, Emotion und Leid im Tierreich*, https://doi.org/10.1007/978-3-662-68031-5_6

unmöglich Emotionen vom Verstand zu trennen. Emotionen reflektieren aber auch die Weisheit des Alters.

Emotionen gehören unbestritten zum tierischen Verhalten. Unbestritten sind auch die Instinkte mit denen sie verglichen und gleichgestellt werden [2]. William James [3], ein US-amerikanischer Psychologe und von 1876 bis 1907 Professor an der Harvard University und Begründer der Psychologie in den USA, wurde einmal gefragt, was eine Emotion ist [4]? Er meinte damals noch, es handele sich um ein ungelerntes Antwortsystem. Diese Meinung wurde lange Zeit als „präzise" angesehen, sodass weitere Studien zu Emotionen kaum noch stattfanden. Sogar bis heute verlangt die Oxford Gesellschaft [5] von Verhaltensforschern in Studien Verweise auf Emotionen zu vermeiden, weil sie nichts zur Förderung unseres Verständnisses von Verhalten beitragen. Trotz der häufigen Behauptungen, dass tierische Emotionen uns kaum betreffen, ist die vollständige Leugnung ihrer Existenz selten. Das lässt uns in der merkwürdigen Situation, dass ein weit anerkannter Aspekt eines tierischen Verhaltens ignoriert oder verharmlost wird. Emotionen werden als zu einfach dargestellt, um Aufmerksamkeit zu bekommen. Die Oxford Gesellschaft gestand den Tieren nur wenige Grundemotionen zu [5].

Ob die tierischen Emotionen nun schlicht und einfach sind oder nicht, kann nur wissenschaftlich geklärt werden. Man muss dazu nur einen aufgeregten Schimpansen betrachten, mit den Haaren zu Berge, nach einem Stock greifen um gegen eine Schlange zu stoßen, die sich ihm nähert um zu verstehen, dass Angst und Neugierde sogar zugleich gut möglich sind. Als Schimpansen mit Spielzeugschlangen getestet worden sind [6] fand man heraus, dass wenn einmal ein Schimpanse den Aufenthaltsort einer Schlange kannte, haben andere, die zuvor die Schlange nicht gesehen haben, dort die gleiche Vorsicht walten lassen, nur durch die Beobachtung des einen Schimpansen, der wider Willen auf diese Weise die Wirksamkeit und den Wert des potenziellen Überlebens durch emotionale Kommunikation gezeigt hat.

Werden Tiere als „altruistisch" bezeichnet, dann geht es oft nur darum, dass es auf eigene Kosten andere unterstützt, aber nur im funktionalen Sinne. Vielleicht geht es ihm aber auch um gute Gefühle und um den Vorsatz [7]. Mittlerweile ist es im Wissenschaftsbetrieb nach drei Jahrzehnten endlich Konsens geworden, dass der Begriff „Versöhnung" unter Schimpansen nach einem Kampf, zum Beispiel durch Mund-zu-Mund-Kontakt und Umarmung Gültigkeit hat [8]. Versöhnung gibt es auch bei anderen Säugetierarten wie bei Delfinen, Hyänen und bei Ziegen [9]. Tiere müssen die Fähigkeit haben, Feindseligkeiten durch ein freundliches Verhalten zu ersetzen, das bei Menschen als ein ihm zugeschriebener komplizierter emotionaler Prozess bekannt ist, nämlich die „Vergebung". Es ist sehr wahrscheinlich, dass Menschen und verwandte Arten ähnlich reagieren unter ähnlichen Bedingungen. Nach [10] handelt es sich aber bei der Vergebung um ein biologisches Fundament, das quer durch das Tierreich reicht.

Die Gehirnforschung wird uns nicht verraten, was Tiere fühlen, aber das Argument der Homologie (Ähnlichkeiten biologischer Strukturen bei verschiedenen Lebewesen aufgrund einer gemeinsamen Abstammung) ist immens mächtig. Emotionen verstärken Handlungen. Es handelt sich um eine sehr archaische Reaktion. Die Körpertemperatur und die Herzfrequenz steigen. Diese Reaktionen wurden bei Säugetieren, Reptilien und Vögeln beobachtet, aber nicht bei Amphibien und Fischen. Es gibt auch die Überlegung, Emotionen zu den Instinkten zu packen. Menschen und Tiere antworten auf Gefahren mit der Emotion der Angst, die mit dem Fluchtmechanismus gekoppelt ist. Andererseits, wenn ein Ziel verfehlt wird, sorgt das für Frustrationen, das Ärger hervorruft, also auch bekannt als ein emotionaler aggressiver Instinkt. Emotionen sind wichtig, weil sie das Potenzial haben, eine angemessene Aktion zu starten. Wie würden die Reaktionen aussehen, wenn der Gegenüber ein Raubtier wäre? Schon seit 100 Jahren weiß man, dass tiefer eingeatmet wird und der Körper sich auf die Auseinandersetzung vorbereitet. Diese automatischen Reaktionen tun dem Körper eigentlich nicht gut, aber ermöglichen ihm anzugreifen oder zu flüchten. Beides verlangt viel Energie. Das Schöne an diesem emotionalen Antwortsystem ist, dass es nicht strikt vorbestimmt ist. Die ausgelösten Verhaltensweisen variieren, je nach Situation und Erfahrung. Einige Primaten haben verschiedene Alarmrufe für verschiedene Gefahren, auf die die Adressaten entsprechend reagieren. Ein Ruf wegen eines Löwen sorgt sofort dafür, dass Affen auf Bäume klettern. Bei fliegenden Gefahren (Adler, Falken, Milane), rennen sie ins dichte Gebüsch und bei Schlangen stehen sie stocksteif und suchen den Boden ab [11]. Bei allen Gefahrformen wird die Emotion „Angst" ausgelöst, aber es handelt sich um eine „intelligente Angst". Diese Variabilität bei den Reaktionen ist wichtig in Bezug auf die Frage nach der Nützlichkeit der Emotion bei der Verhaltensanalyse.

Es gibt mehr als eine Verhaltensform für eine ausgelöste Emotion. Angst zum Beispiel kann durch ein plötzliches Geräusch ausgelöst werden, durch den Anblick oder dem Geruch eines Raubtieres, durch einen Alarmruf eines Artgenossen oder durch das schnelle Anmarschieren eines dominanten Individuums. Nach [12] werden Emotionen beschrieben als eine Art der orchestrierten Antwort für einen wichtigen Anlass quer durch multiple Systeme auf einmal, nämlich wahrnehmende, kognitive, anfeuernde, ausdrucksvolle, körperliche und erfahrungsmäßige Subprogramme. Nach [13] werden diese „Subprogramme" von den Emotionen gesteuert.

Interessant ist noch die Betrachtung des Entkoppelns von Reiz (oder Provokation) und Reaktion. Schimpansen können das sehr gut. Beispiel: ein junger männlicher Schimpanse wird von einem sexuell empfänglichen Weibchen angezogen. Sein Problem ist jetzt, zunächst einen Weg zu finden, wie er sich mit ihr paaren kann, ohne von den dominanten Männchen dafür bestraft zu werden. Oder das Alpha-Männchen, das von einem jüngeren Männchen herausgefordert wird. Bevor es später am Tag zurückschlägt, betreibt es erst einmal Fellpflege bei seinen Unterstützern, um ihre Mitwirkung bei der notwendigen Strafaktion zu sichern. Oder wenn einem Weibchen das Kind weggenommen wird, ist es sichtbar verzweifelt und folgt dem Kidnapper überall hin. Aber es möchte das Kind zurück, ohne dass der Entführer auf einen Baum steigt oder im Kampf um das Kind, weil das Kind in beiden Fällen Schaden nehmen könnte. Oft werden die Kidnapper von der Mutter erst angegriffen und bestraft, wenn das Kind wieder wohlbehalten zurück ist.

Zur „emotionalen Intelligenz" gehört auch das Gerechtigkeitsempfinden. Wie steht es im Tierreich damit? In der Literatur gibt es leider wenige Studien zu diesem Thema. Bekannt ist aber, dass Primaten das Prinzip der Gegenseitigkeit (wie etwa Futter teilen), Trost, Konfliktbeilegung, Koalitionsbildung, Vergeltung und Strafe für Betrüger oder Schmarotzer kennen. Es gibt auch Studien über Primaten, die belegen, dass Abneigungen gegen Ungerechtigkeit vorkommen, wenn zum Beispiel Erwartungen über eine faire Verteilung von Ressourcen (wie zum Beispiel Futter) enttäuscht werden. Einen besonderen Widerwillen gegen Ungerechtigkeiten zeigten Primaten, wenn andere Artgenossen etwas besonders Wünschenswertes bekamen [14]. Eine der bekanntesten Studien dieser Art stammen mit Kapuzineraffen [15]. Diese Affen *(Cebinae)* wurden darauf trainiert, kleine Steine als Währung für Futter einzusetzen. Einem Affen wurde angeboten, ob er einen Stein für eine Weintraube eintauschen würde. Das tat er sehr gerne. Nachdem ein anderer Affe dieses Tauschgeschäft sah, wurde dieser dann auch gefragt ob er seinen Stein gegen ein Stück Gurke tauschen möchte, statt der viel beliebteren Weintraube. Der „übers Ohr gehauene" Affe war empört und weigerte sich daraufhin weiter zu verhandeln. Einmal schleuderte er sogar aus Frust die angebotene Gurke gegen die Versuchsleiter. An dieser Stelle muss aber wieder darauf hingewiesen werden, dass Tiere in Gefangenschaft sich nicht unbedingt so verhalten wie in der Wildnis.

Literatur

1. Lazarus R, Lazarus B (1994) Passion and reason. Oxford University Press, New York
2. De Waal FB (2011) What is an animal emotion? Ann N Y Acad Sci 1224(1):191–206
3. James W (1884) What is an emotion? Mind 9:188–205
4. Aronson E, Wilson TD, Akert RM (2008) Sozialpsychologie 6. Aufl. Pearson Studium, ISBN 978-3-8273-7359-5, S 127
5. McFarland D (1987) The Oxford companion to animal behaviour. Oxford University Press. Oxford
6. Dunlap K (1932) Are emotions teleological constructs? Am J Psychol 44:572–576
7. Sober E, Wilson DS (1998) Unto others: The evolution and psychology of unselfish behavior. Harvard University Press, Cambridge
8. De Waal FBM, van Roosmalen A (1979) Reconciliation and consolation among chimpanzees. Behav Ecol Sociobiol 5:55–66
9. Aureli F, de Waal FBM (2000) Natural conflict resolution. University of California Press, Berkeley, CA
10. Bekoff M & Pierce J (2009) Wild justice: The moral lives of animals. University of Chicago Press, Oxford
11. Seyfarth RM, Cheney DL, Marler P (1980) Monkey responses to three different alarm calls: evidence for predator classification and semantic communication. Science 210:801–803
12. Barrett LF (2006) Emotions as natural kinds? Perspect Psychol Sci 1:28–58
13. Cosmides L & Tooby J (2000) Evolutionary psychology and the emotions. In: Lewis M, Haviland-Jones JM (Hrsg) Handbook of Emotions, 2. Aufl. Guilford. New York, S 91–115
14. Pierce J, Bekoff M (2012) Wild justice redux: What we know about social justice in animals and why it matters. Soc Justice Res 25:122–139
15. Brosnan SF, de Waal FBM (2003) Monkeys reject equal pay. Nature 425:297–299

Kapitel 7
Die soziale Intelligenz

Zusammenfassung Die soziale Intelligenz ist kein Merkmal für bestimmte Tiergruppen. Sie erfordert ein gutes Gedächtnis und ein taktisches Geschick. Das gilt besonders für die Machiavellische Intelligenz, bei der tricksen und täuschen zu den beliebtesten Verhaltensweisen gehören. Soziale Intelligenz führt zu einem Verhalten, das große Vorteile für das Individuum bringt. Es kann sich eher auf andere als Bündnispartner verlassen, wenn es bedrohlich wird und es hat Vorteile bei der Jagd, wenn es mit anderen Artgenossen kooperiert. Dazu gehört aber ein großes Erinnerungsvermögen. Wer ist Freund, wem schulde ich etwas, wer hat einen höheren Rang in der Gruppe, wer ist mit mir verwandt, wer ist ein Verräter usw.?

Die soziale Intelligenz verlangt Kooperationen, Abstimmungen mit anderen Individuen und ein Langzeitgedächtnis. Sozial intelligente Tiere bilden komplexe gesellschaftliche Strukturen, sind in der Lage Werkzeuge zu benutzen und behalten möglichst den Überblick über Stückzahlen, wie Menschen dies auch tun. Wird menschliches Verhalten mit Primaten verglichen, gibt es nicht so viele Unterschiede [1]. Die soziale Intelligenz ist kein Alleinstellungsmerkmal für bestimmte Tiergruppen. Fische, zum Beispiel, befinden sich wegen ihrer kognitiven Komplexität auf eine Stufe mit anderen Wirbeltierordnungen. Sie zeigen auch Formen von sozialer Intelligenz, zum Beispiel wenn einzelne Individuen das Verhalten andere durch Täuschung manipulieren oder sich auch versöhnen. Das wird in der Wissenschaft als „Machiavellische Intelligenz" bezeichnet [2]. Dazu später mehr im Abschn. 7.1.3 „die Machiavelli-Intelligenz". Fische haben auch ein großes Erinnerungsvermögen. Sie erinnern sich nicht nur an die Person, die sie gefüttert hat, sondern auch an dem Ort und an die Tageszeit. Dazu berichtete [3] folgendes: eine Person fütterte regelmäßig einen Fisch in einem See. Der Fisch gewöhnte sich allmählich an den Fütterer und nahm das Futter an, sobald er anwesend war. Nach sechs Monaten Pause erkannte der Fisch diese Person wieder und nahm bei dieser Gelegenheit nur von ihm das Futter an. Das bedeutet Lernen von Zeit und Ort [2]. Eine typische Herangehensweise dafür ist auch, die Fische in einem Aquarium morgens an einem und abends am anderen Ende zu füttern. Wenn

© Der/die Autor(en), exklusiv lizenziert an Springer-Verlag GmbH, DE, ein Teil von Springer Nature 2023
G. Gellert, *Die Wildnis und wir: Geschichten von Intelligenz, Emotion und Leid im Tierreich*, https://doi.org/10.1007/978-3-662-68031-5_7

die Fische ein vorausschauendes Verhalten zeigen, dann haben sie die Aufgabe verstanden. Barsche und Elritzen lernen dieses „Kunststück" in zwei Wochen. Übrigens, Ratten benötigen 19 Tage, um dieses Verhalten zu lernen [4]. Fische nutzen geometrische Signale zur Orientierung ähnlich wie Ratten oder Vögel. Ein komplexes räumliches Lernen bei Fischen ist von der Grundel *(Gobiidae)* bekannt. Ihre Heimat sind Tümpel. Sind mehrere Tümpel in der unmittelbaren Umgebung, können sie ihr „Heimattümpel" durch Sprünge in benachbarte Tümpel wiederfinden, auch wenn sie etwa 30 m davon entfernt sind [5]. Das Wiederfinden des Heimatgewässers kann auch noch nach 40 Tagen stattfinden. Fische haben folglich auch ein Langzeitgedächtnis, das eine wichtige Voraussetzung für soziale Intelligenz ist.

Auch Regenbogenforellen *(Salmo gairdneri)* haben ein Langzeitgedächtnis. Wurde ihnen beigebracht, durch ein Loch in einem Kescher zu schwimmen, gelang ihnen das bereits nach fünf Netzzügen längst durch das Aquarium. Die Regenbogenforellen haben schnell verstanden, wo sich das Schlupfloch im Kescher befand. Fand dieser Versuch ein Jahr später statt, konnten sich die Fische immer noch an das Schlupfloch im Kescher erinnern, obwohl sie diesen in der Zwischenzeit nicht gesehen haben [6].

Auch bei den Schwert- *(Orcinus orca)* und Schnabelwalen *(Berardius bairdii)* gibt es neuere Erkenntnisse über das Sozialverhalten. Zum Beispiel: bei den Schwertwalen verlässt niemand die Gruppe, in die er hineingeboren wurde. Dieses Äquivalent gibt es auf den Landökosystemen so nicht [7]. Vermutlich hängt das mit der energiearmen Art des Reisens für die hervorragend stromlinienförmigen Tiere zusammen, die ihnen erlaubt, weit genug zu reisen um sicherzustellen, dass verschiedene Schwertwalgruppen sich angemessen häufig treffen, um die Fortpflanzung effektiv zu gestalten, das heisst, um Inzucht zu vermeiden. Von einem anderen kooperativen Verhalten, dieses Mal mit Zahnwalen *(Odontoceti)* berichtete [8]. Zahnwale, die in einer Gruppe jagen, haben zwei Arten der Spezialisierung: die Treiber (sind immer dieselben), die Fische in die Richtung der sogenannten „Mauerwale" treiben. Gruppenjagen mit einer Rollenteilung und individuelle Spezialisierung ist sehr selten und wurde bisher nur bei Löwen, Panthern und Leoparden festgestellt [8].

Ein weiteres gutes Beispiel sozialer Intelligenz sind Tüpfelhyänen *(Crocuta crocuta)*. Die Tüpfelfyänen sind terrestrische Räuber, die überall in der Süd-Sahara vorkommen. Gemein mit den Primaten haben Hyänen eine lange Jugend, in der jedes Individuum eine Menge zu lernen hat über die physische und soziale Umwelt. Sie leben in großen sozialen Gruppen in denen eine Geschicklichkeit bei Wettbewerben und kooperativen Auseinandersetzungen von Nöten ist. Die Gruppenstärke beträgt 60 bis 90 Individuen. Viel Zeit verbringen Tüpfelhyänen in zahlenmäßig verschiedenen großen Gruppen, streifen aber auch gelegentlich alleine umher [9]. Der Wettbewerb um einen Kadaver ist extrem groß und intensiv, sodass dominante Hyänen mit Leichtigkeit Artgenossen vom Futter verdrängen [10].

Getüpfelte Hyänen emittieren ein reiches Repertoire an optischen und akustischen Signalen und Gerüchen. Sie nutzen diese Signale, um sich von anderen Gruppenmitgliedern zu unterscheiden, um andere Mitglieder der sozialen Gruppe als Individuen zu erkennen und um Informationen über aktuelle Gegebenheiten zu erlangen [10]. Tüpfelhyänen haben ein reiches Angebot an Lauten, aber der einzige Laut, der bis heute identifiziert worden ist, ist der sogenannte „Whoop"-Laut. Dieser Laut dauert einige Sekunden an und enthält einige kurze Rufe, die durch Pausen getrennt sind. Ein „Whoop"-Laut reist über fünf Kilometer und hat verschiedene Funktionen, die davon abhängig sind, wer diesen Laut einsetzt und auf die Umstände, unter denen diese Laute ausgestoßen werden. Erstaunlicherweise ist dieser Laut gleichbleibend, egal, welches Individuum es ausstößt [11]. Hyänenmütter reagieren auf den „Whoop"-Laut ihrer Jungtiere, indem sie zu ihnen hetzen. Tatsächlich stellen bei Jungtieren dieser Laut ein Hilferuf dar. Versuche haben gezeigt, dass der „Whoop"-Laut eines Jungtieres bei der Mutter eher das Eingreifen auslöst als bei den anderen Zuhörern. Der „Whoop"-Laut hat auch sprachliche Ansätze, weil er auch Informationen zum Gemütszustand verbreitet, indem sie die Pausen dazwischen verändern.

Was die Gerüche angeht, hat jeder Clan seine eigene Duftnote und markiert damit auch die Grenzen seines eigenen Reviers. Studien haben gezeigt, dass Tüpfelhyänen durch den Geruch das Geschlecht und den Verwandtschaftsgrad ermitteln können [12].

Leider ist noch nicht bekannt, ob es bei Hyänen auch verschiedene Rangstufen oder verwandtschaftliche Beziehungen gibt, wie etwa bei den Pavianen [13]. Wir wissen auch noch nicht, ob Hyänen in der Lage sind, sich zu merken, wenn Artgenossen sie früher in altruistischer (also in eher taktischer) oder in egoistischer Art begegnet sind [14]. Aber Hyänen bedürfen der eigenen Verwandtschaft, um einen Kadaver gegen andere Clans zu verteidigen. Auch nutzen sie Bündnispartner, um ihr Territorium gegen fremde Hyänen zu verteidigen.

Vetternwirtschaft ist sehr üblich unter Tüpfelhyänen. Das haben sie mit den Primaten gemein. Die Verwandtschaft verbringt mehr Zeit miteinander als Nichtverwandte [9]. Hyänen können die Stimmgebung der eigenen Verwandtschaft von Nichtverwandten unterscheiden. Und in der Tat steigt die Intensität ihrer Antworten mit dem Grad der Verwandtschaft zwischen dem Rufer und dem Zuhörer [15]. Nach [16] erkennen die Eltern ihre Kinder und umgekehrt.

Hyänen weisen eine besondere Verhaltensform auf, nämlich die der „Ökonomisierung von Antworten". Befindet sich ein Jungtier in eine Notlage, richten sich die Angehörigen nach dem „Sound", aber starten erst mit der Suche, wenn die Mutter das auch tut [15]. Diese und andere Formen der „gesellschaftlichen Vereinfachung" spielt bei den Hyänen eine besondere Rolle. Dieses sparsamere Verhalten hat einen starken Einfluss auf die Ernährung, Bildung von Koalitionen, Grußzeremonien und auf das Jagen in Gruppen. Besonders Letzteres spielt eine große Rolle. Mit dieser Jagdstrategie können Hyänen eine viel größere Beute jagen, als wenn sie allein unterwegs wären. Diese Taktik beinhaltet eine intelligente Koordination und Arbeitsteilung zwischen den Jägern. Aber [17] finden diese Strategie, entgegen der Ansicht vieler anderer Forscher, nicht so besonders intelligent. Dazu bedarf es nicht menschenähnliche mentale Prozesse, sondern hier werden einfache Faustregeln angewendet um die Beute beim

Gruppenjagen zu fangen. Trotzdem bedarf es der Beobachtung der Beute und dem Vorhersehen des Verhaltens der Artgenossen, basierend auf das Wissen von deren Zielen.

Die Bedeutung des eigenen Ranges spielt eine große Rolle bei den Tüpfelhyänen. In den ersten zwei Jahren nach der Geburt bekleidet der Nachwuchs den untersten Rang nach den Müttern. Die Mütter hingegen unterstützten ihren jüngsten Nachwuchs bei der Futterverteilung, auch wenn es gegen den eigenen älteren Nachwuchs geht [18].

Tüpfelhyänen sind in der Lage, sich ein Leben lang die Identität und den Rang ihrer Clankumpels zu merken. Es gibt Beobachtungen, dass Hyänen sich auch nach einigen Jahren der Trennung wiedererkennen. In einem Fall wurden zwei Weibchen erlaubt, nach einer Abwesenheit von einem Jahr, dem Clan wieder anzugehören, wenn auch zunächst auf dem niedrigsten möglichen Rang in der weiblichen Hierarchie, während gleichzeitig alle anderen weiblichen Tiere, die in das Revier eingedrungen sind, unweigerlich sofort wieder vertrieben wurden. Ein anderer interessanter Fall von Gedächtnisleistung hat sich so zugetragen: bei einem Scharmützel mit einer anderen Gruppe im Reviergrenzbereich kam plötzlich ein Männchen, das sich von einer dieser Gruppen vor einigen Jahren entfernt hatte, aufgeregt mit erhobenem Schwanz, um hier mitzumischen. Als er aber aus der Ferne einige weiblichen Familienangehörige aus dem gegnerischen Clan wiedererkannt hatte, gab er sofort auf. Er senkte augenblicklich seinen Schwanz und zeigte Signale der Lustlosigkeit, den Kampf fortzuführen. Hyänen haben ein Langzeitgedächtnis, was alte Geschichten mit Artgenossen anbetrifft und können ihr Verhalten entsprechend anpassen [18]. Adulte Hyänen greifen nur Artgenossen mit einem niedrigeren Rang an, weil es sonst zu einem Gegenangriff mit seinen Verbündeten käme, was schwere Verletzungen zur Folge hätte und in der Wildnis ohne tierärztliche Behandlung daher oft tödlich enden.

Hyänen bevorzugen als Gefährten besonders Hochrangige ohne verwandtschaftliche Beziehungen. Dieses Verhalten zeigt, dass Hyänen anerkennen, dass einige Gruppenmitglieder wertvollere Sozialpartner sind als andere [19].

Die größte Anzahl an Konflikten unter wilden Hyänen kommt zwischen beziehungslosen Gegnern vor. Das lässt vermuten, dass Verwandte untereinander toleranter sind [9], und dass es in der Verwandtschaft weniger versöhnlicher Gesten bedarf, als unter Nichtverwandten. Da verwandte getüpfelte Hyänen enger miteinander verbunden sind und sich gegenseitig mehr beeinflussen als es Nichtverwandte untereinander tun, wird erwartet, dass die meisten „Entschuldigungen" auf aggressives Verhalten von Verwandten ausgeht [9]. Bei den Hyänen gehen nur 12 % der Auseinandersetzungen versöhnlich aus [20]. Dies kann mit ihrer „Fission–Fusion"-Gesellschaftsform zusammenhängen, das heißt, es herrscht im Klan ein ständiges Kommen und Gehen, bei der die Mitglieder einer Gruppe meist nur zum Schlafen oder für gemeinsame Unternehmungen zusammenkommen [21]. Obwohl sie von der Zusammenarbeit für das Überleben und für die Vermehrung abhängig sind, vertrauen sie eher auf den Mechanismus des Auseinandergehens als auf den der Konfliktlösung.

7.1 Beispiele sozialer Intelligenz

7.1.1 Fledermäuse

Zusammenfassung Fledermäuse sind bekannt für ihre soziale Kompetenz. Wie Versuche gezeigt haben, werden Schlafgesellschaften bewusst aus Sympathie gegründet und dienen als Maßstab für soziale Beziehungen. Fledermäuse sind in der Lage auf Jahre hinaus stabile Beziehungen zu knüpfen und das obwohl die Freundschaften in den Wintermonaten regelmäßig unterbrochen werden. Das bedeutet auch eine sehr gute Gedächtnisleistung, vor allem in Anbetracht der großen Gruppen in denen sie leben. Dabei müssen die Fledermäuse mit Herausforderungen zurechtkommen, die beispielsweise Elefanten oder Primaten nicht kennen, weil diese Kolonien im Sommer nicht einer derartigen Dynamik des Kommens und Gehens unterliegen wie bei den Fledermäusen.

Sehr gut kann man die soziale Intelligenz auch bei den Bechsteinfledermäusen *(Myotis bechsteinii)* erforschen. Während einer Studie wurden sie über fünf Jahre lang von [22] an ihren Schlafplätzen beobachtet. Dabei wurde festgestellt, dass sie über eine starke Gruppendynamik verfügen. Zwar schlafen sie zu Tausenden zusammen, aber jagen bevorzugt in kleinen Gruppen. Sie leben in stabilen sozialen Strukturen genauso wie Elefanten, Delfine oder einige Primatenarten. Wie bekannt ist, ist die soziale Komplexität abhängig von stabilen individuellen Beziehungen. Gibt es die wirklich bei den Fledermäusen?

Zunächst zur Biologie: diese Art ist 10 g schwer und lebt bis zu zwanzig Jahren. Etwa zehn Weibchen verschiedenen Alters, mit einem verwandtschaftlichen Status, leben jedes Jahr von April bis September in einer Kolonie, die dann über den Winter zerfällt und sich im Frühjahr wieder neu zusammensetzt (wegen des Winterschlafes). Die Weibchen sind ihrer Kolonie, in die sie hineingeboren worden sind, stets treu. Männchen sind eher Einzelgänger. Während der Sommermonate suchen Fledermäuse bis zu 50 verschiedene Schlafplätze auf. Sie spalten sich dabei in mehrere Schlafgruppen auf, verteilt über ein Waldgebiet von 30 bis 50 Hektar Größe. Mitglieder von verschiedenen Kolonien schlafen nicht zusammen [22]. Die Koloniemitglieder profitieren beim gemeinsamen Schlaf besonders von der Wärmeregulierung [23]. Feldexperimente zeigten, dass sie sich täglich über die Eignung eines Schlafplatzes austauschen. Wie auch Versuche gezeigt haben, wurden Schlafgesellschaften bewusst aus Sympathie gegründet und dienen so als Maßstab für soziale Beziehungen unter den Koloniemitgliedern [24]. Trotz der Bildung einer Kolonie, bevorzugen einige Individuen nur mit bestimmten Koloniemitgliedern zu schlafen, während das Verhältnis zu den übrigen Mitgliedern der Kolonie eher lose bleibt. Außer dem sozialen Netzwerk auf Kolonienniveau gibt es eine zweite soziale Struktur, nämlich die der Gemeinschaft. Diese spielt eine effektivere Rolle als die Kolonie und zeigt eine ganz andere Struktur. Derartige Gemeinschaften sind über Jahre stabil. Fledermäuse haben also die Fähigkeit über Jahre zwischen Mitgliedern verschiedener

Gemeinschaften zu unterscheiden, aber verfolgen keine individuellen Beziehungen zwischen verschiedenen Gemeinschaften. Es konnte aber beobachtet werden, dass verwandte Fledermäuse eher in einer Gemeinschaft leben. Komplette Familien gehörten fast immer derselben Gemeinschaft an [25]. Die Bechsteinfledermaus zeigt vielfältige Verhaltensweisen, wie Informationsweitergabe, soziale Wärmeregulierung und Körperpflege [26]. Der Nutzen aus langanhaltenden sozialen Verbindungen während der Zusammenarbeit und der gemeinsamen Aufzucht kann erklären, warum Fledermäuse stabile Gemeinschaften haben, trotzdem die Mitglieder sich nur zum Schlafen oder für gemeinsame Unternehmen zusammenkommen [21]. Einschränkungen über die kognitiven Fähigkeiten mögen die Zahl der sozialen Beziehungen beschränken, die die Individuen in der Lage sind aufrechtzuerhalten. Das mag ein Grund sein, warum eine Gemeinschaft etwa höchstens zwanzig Fledermäuse zählt. Langandauernde Beziehungen zwischen Bechsteinfledermäusen, die sich unterscheiden in ihrer Morphologie, demographische und genetisch Charakteristik, weisen darauf hin, dass sie in der Lage sind, individuelle Beziehungen über eine lange Zeit zu pflegen in einer Umwelt mit einer hohen sozialen Dynamik. Möglicherweise mögen diese Beziehungen von einer anderen Natur sein als bei Elefanten oder Primaten. Diese mehrstufige Struktur des sozialen Netzwerkes ähnelt solchen Arten, die in der Lage sind, hohe sozio-kognitive Anforderungen zu begegnen. Die Fledermäuse müssen sogar mit Herausforderungen zurechtkommen, die Elefanten und Primaten nicht kennen, weil ihre Kolonien im Sommer nicht einer derartigen Dynamik des Kommens und Gehens unterliegen. Hinzu kommt noch bei den Fledermäusen der Winterschlaf, der Monate dauert, was ihre Gedächtnisleistung noch mehr fordert [25].

Fledermäuse jagen ihre Beute mit den Augen und ihr hohes Potenzial der Echoortung hat Wissenschaftler aus den verschiedensten Fachrichtungen interessiert. Der Mechanismus de Echoortung ist eine Art Sonar: Fledermäuse erzeugen ein lautes und pulsierendes Geräusch und finden so die Entfernung einer Beute (in der Regel Insekten) heraus, indem der Widerhall zu ihren Ohren stößt [27]. Diese besondere Methode der Ortung versetzen Fledermäuse in die Lage zwischen einem Hindernis und einer Beute zu unterscheiden. Diese Eigenschaft erlaubt ihnen sogar in der Dunkelheit zu jagen [28].

7.1.2 Meerestiere

Zusammenfassung Besonders gut lässt sich soziale Intelligenz bei Fischen studieren, vor allem wenn es dabei geht, die Effizienz bei der Futtersuche zu steigern. Es gibt Fischarten, die bei der Nahrungssuche in der Weise kooperieren, dass dieses Verhalten schon fast an die Beziehung zwischen abgerichteten Jagdhunden und dem Menschen erinnert. Bei Walen stößt man leider auf methodische Schwierigkeiten, die in der Folge mehr Raum für Spekulationen zulassen. Ein weiteres Problem ist, dass Wale, anatomisch bedingt, keine Grimassen ziehen oder Gesten vollführen können, die den Beobachtern Hinweise über ihren Gemütszustand geben könnten. Wissenschaftlich gesichert ist aber, dass Wale Freundschaften untereinander pflegen, die auf Jahre ausgelegt sind.

Ein faszinierendes Beispiel von Zusammenarbeit unter Fischen tritt bei Zackenbarschen *(Epinephelidae)* und Muränen *(Muraenidae)* auf. In diesem Beispiel nähert sich der Zackenbarsch der Muräne und signalisiert ihr die Absicht jagen zu gehen. Als Antwort darauf, kommt sie aus ihrem Loch heraus und folgt dem Zackenbarsch zu der vorgeschlagenen Jagdstätte. Bei der Ankunft, stöbert die Muräne zwischen den Korallen, während der Zackenbarsch über den Korallenbänken herumschwimmt. Alle Fische, die von der Moräne aufgescheucht worden sind, werden vom Zackenbarsch gefressen. Auf diese Weise, wird die Effizienz bei der Futtersuche enorm gesteigert [29]. Das erinnert schon fast an der Beziehung zwischen abgerichteten Jagdhunden und dem Menschen.

Walfische sind Säugetiere, gehören nicht zu den Fischen und bewohnen im Meer einen dreidimensionalen Raum in dem sie bei Gefahr keinen Baum hochklettern, sich im Boden eingraben oder sich hinter einem Felsen verstecken können. Die kritischsten Phasen eines Walfischlebens sind die Geburt und die ersten Monate. Und da kommt es besonders auf das gesellschaftliche Funktionieren an [30]. Aus menschlicher Sicht gehören die Wale zu den intelligentesten Tierarten auf dieser Erde. Es gibt jedoch eine Reihe von methodischen Schwierigkeiten bei der Überprüfung der Walintelligenz. [31] bemerkten, dass tierische soziale Netzwerke schwierig zu studieren sind, weil Wale keine Interviews geben und auch keine Fragebögen ausfüllen. Folglich müssen die Informationen durch direkte Beobachtungen gewonnen werden. Es ist jedoch nicht so einfach, marine Säugetiere zu studieren, weil die praktischen Schwierigkeiten enorm sind. Wale haben große Aktionsradien, bewegen sich schnell und können sehr tief tauchen. Geholfen hat hier die Entwicklung einer stringenten Fotoidentifizierungstechnik. Eine weitere Komplikation ist, ob das beobachtbare Verhalten von Walen an der Meeroberfläche tatsächlich generell ihre gewöhnlichen Aktivitäten widerspiegelt. Bei Walarten, die tiefere Regionen bevorzugen, können Studien nur an der Meeresoberfläche durchgeführt werden, kombiniert mit einer anspruchsvollen akustischen Technik, die den Forschern erlaubt, die Tiere auch in größeren Tiefen noch zu verfolgen [32]. Ein anderes Problem der Komplexität wird durch die Wahrscheinlichkeit geliefert, dass physisch nahe Individuen, die augenscheinlich als eine eindeutige Gruppe agiert, möglicherweise akustisch mit einer weiter entfernt befindlichen Gruppe in Kontakt ist und so eine größere mehr verstreute soziale Einheit möglich ist, die aber dann noch schwieriger zu studieren wäre. [33] rechnete aus, dass noch in 20–25 km Entfernung Pfeiflaute unterscheidbar sind. Ein anderes methodisches Problem liegt in den anatomischen Unterschieden zwischen Walen und zum Beispiel Primaten. Es ist für die Menschen einfacher, die Gesten und den emotionalen Ausdruck von Primaten zu lesen, als von Bibern oder von Walen. Auch in Sachen „Interpretation von Verhalten" gibt es große Schwierigkeiten. Das hat mit der Anatomie der Studienobjekte zu tun. Wale können keine Gesten ausführen. Außerdem erlaubt die Gesichtsmuskulatur von Walen kein Mienenspiel. Die Gehirnentwicklung von Walen steht im engen Zusammenhang mit ihren echolotischen

Fähigkeiten. Sie erzeugen hochfrequente Klicklaute, um ihre Umgebung zu untersuchen.

Pottwale *(Physeter macrocephalus)* haben auch Abteilungen in ihren Gesellschaften, die erst in jüngster Zeit entwirrt werden. Diese großen, tieftauchende, Klick-Laute erzeugende Wale teilen mit mehreren Tausend anderen Individuen den gleichen Lebensraum. Männchen, Weibchen und der Nachwuchs formen Gruppen von etwa 20 bis 30 Individuen, die zusammen reisen und ihre Aktionen koordinieren. Diese Gruppen bilden oft zwei oder mehrere soziale Einheiten, die Langzeitkameraden sind und über Jahre zusammenwirken. Bestimmte Cliquen von Pottwalen besitzen einen sehr ähnlichen Kode von Klicklautmustern. [32] glaubt, dass diese Clans eine kulturelle Variation darstellen. Es gibt vier bis fünf Clans quer über dem Nord-Pazifik verteilt, und jeder Clan bedeckt eine Fläche von Tausenden von Kilometern. [34] haben kommentiert, dass in kulturellen Gesellschaften Individuen mit wichtigen kulturellen Kenntnissen, eine Bevölkerungsgröße haben, die weit über ihr Reproduktionsvermögen liegt. Nun aber sind die meisten große Walpopulationen durch den kommerziellen Walfang enorm dezimiert worden sind. Damit sind zum Teil auch ihre kulturellen Errungenschaften verloren gegangen. Deshalb empfehlen [34] sogar „nichtmenschliche Kulturen" unter Naturschutz zu stellen, weil sie oftmals fortschrittlicher sind als zum Beispiel die Kultur der Schimpansen [35].

7.1.3 Die Machiavelli-Intelligenz

Zusammenfassung Die Machiavellische Intelligenz verlangt raffinierte Fähigkeiten, um sich als Individuum in einer sozialen Gruppe erfolgreich mit anderen Gruppenmitgliedern auseinanderzusetzen. Freundliche, kooperative und großzügigen Verhalten eines Individuums können aus rein taktischen Gründen erfolgen, um einen eigenen Vorteil zu erlangen. Dafür müssen die Individuen fundamentale kognitive Fähigkeiten besitzen. Artgenossen müssen als Individuen erkannt werden, um in der Lage zu sein, differenziert zu antworten. Tiere haben folglich Vorteile, wenn sie egoistisch handeln und andere hereinlegen. Diese Intelligenz ist bei den Primaten weit verbreitet, aber auch Delfinen, Hyänen oder Fischen wird ein derartiges Verhalten zugeschrieben.

Zu der sozialen Intelligenz gehört die Machiavelli-Intelligenz unbedingt dazu. Nach WIKIPEDIA wird sie in der sozialen Intelligenzforschung und in der Verhaltensbiologie als die Fähigkeit eines Lebewesens beschrieben, sich in einer sozialen Gruppe erfolgreich mit anderen Gruppenmitgliedern auseinanderzusetzen. Der Begriff bezieht sich auf das 1513 von Niccolo Machiavelli verfasste Werk zur „Theorie des politischen Handelns". Machiavellismus bezeichnet nämlich eine rücksichtslose Machtpolitik, bei der die Erhaltung des Staates über alles steht, sich von keinen moralischen Bedenken unter Druck setzen lässt, die üblicherweise eingehalten werden und (ggf.) sich auch nicht von rechtlichen Grenzen einschränken lässt [36].

Die Erfolge des Individuums einer Art erfordert eine beachtliche Balance zwischen Kooperation und Wettbewerb mit einer beträchtlichen Reihe verschiedener anderer Individuen und verlangt mehr raffinierte soziale Fähigkeiten als brutale Kraft [37]. Seit den 80er Jahren ist es anerkannt, dass die soziale Komplexität die Evolution der allgemeinen Intelligenz befördert hat. Davor war man im Glauben, dass die Intelligenz mit einem Packet an nützlichen Fähigkeiten zu tun hat, die entwickelt worden ist, um den physischen Herausforderungen in der Natur bei der Futtersuche zu begegnen, bei der Schlafplatzsuche oder bei der Wahrnehmung von Gefahren.

Machiavelli betonte im Jahr 1532 die Bedeutung des freundlichen, kooperativen und großzügigen Verhaltens aus rein taktischen Gründen. Die Machiavelli-Hypothese besagt, dass nur so viel soziale Raffinesse in Form von Freundschaftsbildung, Wiederversöhnung, Bildung von Koalitionen und Allianzen, Unterstützung der Verwandtschaft, wechselseitiger Altruismus eingesetzt werden soll, wie es nötig ist, um zu täuschen und um unverhohlen politische Manipulationen für die eigenen Zwecke zu erreichen.

Wenn zum Beispiel eine wichtige Affenfreundschaft durch einen Kampf zerbricht, macht einer der Mitstreiter aus strategischen Gründen bald einen freundlichen und taktischen Annäherungsversuch, um die Beziehung wieder zu kitten [38].

Ein anderes Beispiel liefert [39]: die jugendliche Schimpansin Pooch näherte sich der höher in der Rangordnung befindlichen Circe und wollte nach einer ihrer Bananen greifen. Als Antwort darauf schlug Circe nach Pooch ohne sie aber zu treffen. Pooch verließ daraufhin sehr laut schreiend das Camp in östlicher Richtung. Die Antwort von Pooch auf die recht milde Strafaktion von Circe fiel doch recht heftig aus. Nach zwei Minuten gingen die Schreie in eine Art bellen über, das immer lauter wurde, weil Pooch wieder zurückkam, sich fünf Meter vor Circe aufbaute und sie mit Armbewegungen bedrohte. Hinter Pooch folgte der alte männliche Huxley, der das Camp zuvor auch in östlicher Richtung verlassen hatte. Circe, mit einem Blick auf Huxley, gab auf, indem sie aufstand und ohne Bananen wegging. Pooch benutzte also den männlichen Schimpansen Huxley als soziales Werkzeug für ihre eigenen Zwecke. Dazu muss man wissen, dass es eine ungewöhnliche Beziehung zwischen der jungen Pooch und dem alten Huxley gab, der in vielen Fällen als Beschützer für Pooch auftrat und selten weiter weg von ihr war. Ihr Geschrei diente also nur dazu, den alten Huxley einzuschalten, um ihren Willen durchzusetzen. Pooch war also in der Lage, ihre Aktion zu planen, sie war auch in der Lage die Reaktionen ihrer Artengenossen vorauszusehen und manipulierte deren Verhalten, das heißt, es bedurfte dafür eines vernünftigen und intelligenten Verhaltens.

Ein weiteres Beispiel: wenn ein Verwandter eines Affen durch einen Ranghöheren angegriffen wird, dann wird in der Weise reagiert, dass ein Rangniedrigerer des Angreifers attackiert wird, sozusagen als eine Form der Rache [40].

Alles das bedeutet eine große Menge an soziales Wissen, auch darüber, wer Freund oder Verwandter von wem ist, und das Wissen wird oft indirekt erworben durch Belauschen bei Konflikten zwischen Drittparteien. Der ultimative Vorteil ist egoistischer Natur, der augenblickliche Vorteil möge altruistisch (selbstlos) erscheinen oder auch nicht. Es handelt sich folglich um eine Fähigkeit, sich loszulösen von konventionellen Moralvorstellungen, um andere besser betrügen oder manipulieren zu können.

Das Kernstück der Machiavellischen Intelligenz liegt in der Idee der Verhaltenskomplexität, ein Parameter der nicht leicht zu messen ist [41].

Zu den Merkmalen, die soziale Komplexität bei der Machiavelli-Intelligenz anzeigen (in Primaten und mittlerweile auch in anderen taxonomischen Gruppen) gehören „Drittparteien". Diese spielen eine große Rolle und entscheiden oft über den Ausgang von Konflikten. Es besteht also die Notwendigkeit, triadische (dreiteilige) Beziehungen zu berücksichtigen, statt nur einfache diadische (zweiteilige) Beziehungen. Weitere Merkmale sind der „Erwerb eines Ranges" durch verwandtschaftlich Unterstützung (Vetternwirtschaft), die Beziehungspflege von Freundschaften mit möglicherweise nützlichen Individuen, Freundschaften, die über lange Zeit andauern, und so gegenseitige Hilfe versprechen, die gezielte Wiederversöhnung nach Konflikten und die bewusste Entscheidung für „potentielle Bündnispartner" auf der Basis von individuellen Charakterzügen oder von der Stellung in der Rangordnung [37].

Was sind die Mindestvoraussetzungen, um Vorteile von derartigen Charaktereigenschaften anderer zu bekommen? Die Individuen müssen fundamentale kognitive Fähigkeiten besitzen (Wahrnehmung, Lernen, Erinnern, Denken und Wissen). Artgenossen müssen als Individuen erkannt werden, um in der Lage zu sein, differenziert auf die Verwandtschaft zu antworten. Des Weiteren ist ein gutes Gedächtnis nötig, um sich die Rangfolge einzelner Gruppenmitglieder und vergangene Rangzugehörigkeiten zu merken und schließlich sich auch noch an die eigenen Geschichten, bei denen Hilfe in der Vergangenheit von anderen Individuen erfahren worden ist, zu erinnern [42].

Die Machiavellische Intelligenzhypothese half unser Verständnis des sozialen Lebens von Tieren zu vertiefen und zu verstehen, wie Individuen mit anderen in ihrer Gruppe verhandeln. Tiere haben Vorteile, wenn sie egoistisch handeln, oft durch die Manipulation des Verhaltens anderer durch Nutzung von kommunikativen Signalen. Die meist studierte Art der Kommunikation waren stimmliche Laute. Aber auch andere Signale der Kommunikation sind bedeutsam, wie etwa optische Signale, der Gesichtsausdruck oder Gesten [43]. In der Tat, in der Kommunikation zwischen Nichtprimaten sind Gesten für ein Individuum besonders wichtig, um das Verhalten anderer effektiv zu beeinflussen [44].

Affen sind sehr gut in der Lage, entsprechend ihren Fähigkeiten auszuwählen, welche Taktik nötig ist, um ein unmittelbares Problem zu lösen, unabhängig davon, welche Langzeitkonsequenzen mit dieser Aktion verbunden sind.

Außer bei Primaten bietet keine andere Tiergruppe mehr Potenzial für die Erforschung von kognitiven Eigenschaften und Verhalten als Wale [45]. Früher erschienen derartige Untersuchungen unüberwindbar, aber durch die fortgeschrittene Technologie (wie durch Ortung akustischer Signale oder durch Aufnahmegeräte (für Stimmen oder Schwimmgeschwindigkeiten) entschärft worden. Unter den Delfinen ist der Große Tümmler *(Tursiops truncatus)* am besten erforscht. Die Tümmler leben in offenen Gesellschaften. Diese Lebensform kann zur Folge haben, dass die Probleme einzelner verschärft werden können. Die Ungewissheiten über Veränderungen von Drittbeziehungen können aus der Sicht geraten. Stellen Sie sich vor, durch zufällige Streifzüge am Rande seines Reviers, stößt ein männlicher Tümmler auf einen potenziellen Rivalen, hat aber keine Kenntnisse darüber, ob der Rivale über zwei oder über zwölf Bündnispartner verfügt. In der offenen Gesellschaft ist die Zahl der Gruppenmitglieder schwer zu erfassen. Ohne die Gruppenmitglieder ständig zu verfolgen, ist das unmöglich. Schätzungsweise 60 bis 70 Mitglieder beträgt die Zahl eine Gruppe von Tümmlern. Interessanterweise etwa so viele, wie eine große Primatengruppe [46]. Anders als Primaten sind Tümmler eher treu zum Sexualpartner. Die stärkste soziale Zugehörigkeit haben Individuen des gleichen Geschlechts [47]. Männliche Tümmler zeigen Allianzen auf verschieden Gruppenebenen. Gruppen von zwei bis drei Männchen kooperieren, wenn es darum geht, Weibchen zu trennen und sie eine Zeit lang als die ihrigen zu betrachten [48].Männliche Verbindung innerhalb der ersten Garnitur sind sehr stabil und langdauernd (bis zu 18 Jahren). Im Regelfall sind die Männchen und die Weibchen jeweils lieber unter sich. Ein einheitliches Vorgehen bei der Wahl der Allianzpartner bringt nicht den gleichen Vorteil. Ein Männchen etwa bildet erste Ordnung Allianzen immer mit demselben Partner, während der dritte Partner variieren kann. Weibliche Beziehungen sind nicht so stabil wie die männlichen. Während Männchen häufig Partnerschaften bilden, verbringen die Weibchen weniger als 30 % ihrer Zeit mit ihren „Busenfreundinnen". Während bei den Männchen der Konkurrenzkampf untereinander stark dominiert, ist die Rivalität unter Weibchen eher selten. Weibchen sind doch viel toleranter in ihren Beziehungen. Um das Futter gibt es keinen Konkurrenzkampf. Niemand schnappt der anderen die Beute weg. Auch wenn die Beute für ein Individuum noch einige Meter entfernt liegt. Das liegt auch an der Art der Beute (einzeln, beweglich, schwer zu greifen). Einen derartigen Respekt vor fremdem Eigentum ist bemerkenswert. Bei vielen landlebenden Fleischfressern teilen die Weibchen ihre Beute noch nicht einmal mit ihrem eigenen Nachwuchs. Da sind die Tümmler beides, höflich und egoistisch, sie teilen weder das Futter, noch stehlen sie es. Dieses charakteristische Verhaltensmuster sorgt für Toleranz innerhalb der Weibchen. Sie stehen nahe beieinander in Ruhephasen, in geselligen Situationen oder bei Reisen. Sie können sich aber schnell verteilen, wenn es darum geht, Beute zu machen, das aber eher ein harmloses Gerangel darstellt als ein harter Wettbewerb. Weibliche Tümmler greifen zwar Haie an, aber nicht ihre männlichen Artgenossen. Als ein weiblicher Tümmler, nennen wir sie „Puck" mit drei ihrer männlichen Artgenossen herumschwamm, steigerte sie plötzlich ihre Geschwindigkeit, um eine rein weibliche Gruppe einzuholen. Als die vier die weibliche Gruppe erreicht haben, fingen die Weibchen mit Knutschen und Reiben mit den drei männlichen Artgenossen an. Dann aber passierte folgendes: Puck wurde von zwei Weibchen langsam von der Gruppe weg eskortiert. Als sie 50 m von der Gruppe weg waren, schwamm Puck davon und die beiden Escort Damen kehrten zu ihrer Gruppe zurück. Als die Männchen dies bemerkten, brachen sie die Kontaktaufnahme mit den Weibchen sofort ab und schwammen in drei verschiedenen Richtungen davon, um Puck wiederzufinden, aber erfolglos. Das war eine Meisterleistung der Täuschung, weil ein derartiges Verhalten eher seltener vorkommt. Es ist ungewöhnlich, dass drei Männchen gleichzeitig von Annäherungsversuchen betroffen sind, oder dass ein einzelnes Weibchen von zwei anderen Weibchen flankiert und heimlich weggeführt wird. Bei der Flankierung von Puck wollten die beiden Weibchen sie von der Gruppe weglocken. Das langsame und unauffällige Wegschwimmen von der Gruppe schien besonders absichtsvoll herbeigeführt.

Was hat nun die Intelligenz von Delfinen mit der Hypothese der Machiavelli-Intelligenz zu tun? Warum entwickelten Delfine eine komplizierte soziale Lebensform? Darauf gab [49] folgende Antwort: das offene Meer ist ein Lebensraum, wo technisches Wissen wenig Vorteile bringt und deshalb komplexe Gesellschaften – und hohe Intelligenz – kontraindiziert sind. Aber wenn es nicht um technisches Wissen geht, um was dann? Vorausgesetzt, dass soziale Komplexität eine starkes Gruppenleben voraussetzt, können wir fragen, was gibt es im Ozean, dass eine gegenseitige Abhängigkeit bei einigen Walfischarten begünstigt? Die Antwort: die Jäger und sich selbst.

Einige Wissenschaftler haben argumentiert, dass stabile soziale Gruppen (beispielsweise bei Primaten) zum Wachsen der Erkenntnis in der Weise geführt haben, dass Gruppenmitglieder versuchen, sich gegenseitig reinzulegen, um Vorteile bei der Partnersuche zu erlangen [50]. Unterwürfiges Verhalten als Beschwichtigungspolitik durch niedrig-rangige Individuen ist eine Methode, um höherrangige Individuen zu manipulieren. Ähnliche Verhaltensweise hat [51] bei Buntbarschen *(Cichlidae)* und [52] bei Anemonenfischen *(Amphiprion)* festgestellt.

Die meisten Fischen leben in sozialen Gruppen für ihr ganzes Leben. Daher ist es kein Wunder, dass sie alle die Verhaltensweisen zeigen, die bezeichnend sind für soziale Intelligenz. Nach [53] liefern Fische die besten Beispiele im Tierreich. Sie neigen zur Kooperation mit anderen Artgenossen, wenn es darum geht, nach Raubtieren Ausschau zu halten. Wenn ein Paar von Fischen ein Raubfisch beobachtet, gleitet es vor- und rückwärts, wenn es sich dem Raubfisch nähert, wobei jeder Fisch abwechselnd die Führungsrolle übernimmt. Wenn ein Partner versucht sich abzusetzen oder zu betrügen, wird der andere Fisch bei künftigen Begegnungen die Kooperation mit ihm meiden [54]. Dies zeigt, dass der Fisch sich nicht nur an die Identität des „Deserteurs" oder „Verräters" erinnern kann, sondern er kann an ihm auch das Etikett des „Feiglings" anbringen und ihn bei künftigen Zusammentreffen bestrafen.

Das bekannteste taktische Kooperationsbeispiel ist die zwischen Putzerfische *(Labroides phthirophagus)* und ihre Klienten [55]. Putzerfische betreiben als Geschäftsmodell an Korallengewächsen „Putzstationen" und entfernen Parasiten oder tote Hautpartikel von Fischkunden. Die Putzerfische haben in der Regel eine große Zahl an Stammkunden und sie kennen sie alle persönlich. Die „Kunden" präsentieren sich den Putzerfischen und nehmen die Position „reinige mich" ein, verbunden mit einem Zeichen an die „Reinigungskräfte", gute Arbeit abzuliefern.

Natürlich ist die Konkurrenz groß, das bedeutet, es gibt sehr viele „Reinigungsstationen", weshalb ein Kunde wählerisch sein kann. Umso wichtiger ist es daher, gute Arbeit abzuliefern, um den guten Ruf der Putzstation zu wahren. Falls ein Putzerfisch aus Versehen einen Klienten bei der Arbeit beißt, dann entfernt sich der „Kunde" schnell. Aber die Putzerfische haben eine Art der Wiedergutmachungsaktion entwickelt. Sie jagen dem verstörten Kunden hinterher und reiben sie dann auf dem Rücken, um sie zu verleiten, wiederzukommen. Putzerfische behandeln nicht alle Kunden gleich, sondern es scheint so, als ob sie sie klassifizieren, je nach Aufenthaltsstatus (Stammkunde oder Laufkundschaft) und nach ihren Fressgewohnheiten (Räuber oder Nichträuber). Wenn es eine Kundenschlange gibt, bevorzugen die Putzerfische die Laufkundschaft, wissend, dass die Stammkunden nirgendwo sonst hingehen [56]. Putzerfische können auch betrügen. Gelegentlich zwicken sie auch die Haut der Kunden, um so zu einer eigenen billigen Mahlzeit zu kommen. Es ist vielleicht nicht überraschend, dass sie dieses Verhalten nicht zeigen, wenn der Klient ein Raubfisch ist. Folglich erkennt der Putzerfisch nicht nur jeden einzelnen Fisch wieder, sondern kann ihn auch in verschieden Typen einteilen, je nachdem, welches Fressverhalten vorliegt.

Abschließend noch ein Beispiel einer sehr interessanten Tiergruppe, nämlich die der Hyänen. Wie steht es nun um deren taktisches Verhalten (Machiavellismus)? Es ist bekannt, dass eine Hyäne Aggressionen vermeiden kann, wenn sie die Gruppe des Aggressors meidet oder eine Beschwichtigungspolitik gegenüber dem Aggressor anwendet [20]. Eine Hyäne nutzt auch Begrüßungszeremonien um Kämpfe zu befrieden oder sich wieder in der Gruppe einzuführen, wenn sie zuvor von der Gruppe getrennt worden war. Sie beherrscht aber auch die Strategie, den Erregungszustand von Artgenossen zu steigern zwecks Gruppenjagen oder zwecks Patrouille an den Reviergrenzen [17].

Hyänen sind auch zu täuschenden Verhalten fähig. Zum Beispiel erspähte ein niedrig rangiges Männchen, als es mit höherrangigen Männchen umherstreifte, als einziger einen Leoparden mit einem jungen Gnu, das der Leopard kurz zuvor getötet hat [57]. Der Leopard hatte noch keine Zeit gehabt, die Beute an einen sicheren Ort zu zerren, sodass er duckend in einem Bachlauf neben der Beute lag, darauf wartenden bis die Hyänen aus seinem Blickfeld verschwanden. Die Hyänengruppe überquerte den Bachlauf und tatsächlich, keine der anderen Hyänen bemerkte den Leoparden oder seine Beute. Das niedrig-rangige Männchen aber sah direkt die Beute, als sie den Bachlauf durchquerten, ging aber zunächst mit seiner Gruppe unauffällig weiter bis sie etwa 100 m vom Bachlauf entfernt waren. An diesem Punkt kehrte es alleine wieder um und lief locker zurück zur Beute, rangelte zunächst mit dem Leoparden darum und zog es dann mit sich weg. Auf diese Weise hatte diese Hyäne es vermieden, ihre Beute mit den anderen höherrangigen Artgenossen zu teilen. Andere Szenerien zeigten, wie niedrig-rangige Hyänen Alarmrufe ausstießen, die aber wie Täuschungsversuche anmuteten, um „billig" an Futter zu gelangen. Normalerweise führt ein Alarmgrollen, das von einer Hyäne rund um einen Kadaver ausgestoßen wird dazu, dass alle anwesenden Tiere für ein kurzes Stück wegrennen, um nach einer Gefahr zu suchen (etwa Menschen oder Löwen). Jedes Mal, wenn ein falscher Alarm von den niedrig-rangigen Hyänen ausgegeben wurde, rannten sie zum Kadaver zurück und fraßen allein weiter, bevor der Clan bemerkte, dass er wieder hereingelegt worden ist.

Literatur

1. Bshary R, Wickler W, Fricke H (2002) Fish cognition: a primate's eye view. Anim Cogn 5:1–13
2. Brown C (2015) Fish intelligence, sentience and ethics. Anim Cogn 18:1–17
3. Klausewitz W (1960) Ein bemerkenswerter Zähmungsversuch an freilebenden Fischen. Natur Volk 90:91–96
4. Means LW, Ginn SR, Arolfo MP, Pence JD (2000) Breakfast in the nook and dinner in the dining room: time-of-day discrimination in rats. Behav Process 49:21–33
5. White G, Brown C (2013) Site fidelity and homing behaviour in intertidal fishes. Mar Biol 160:1365–1372
6. Brown C (2001) Familiarity with the test environment improves escape responses in the crimson spotted rainbowfish, *Melanotaenia duboulayi*. Anim Cogn 4:109–113
7. Connor RC, Mann J, Tyack PL, Whitehead H (1998) Social evolution in toothed whales. Trends Ecol Evol 13:228–232
8. Gazda SK, Connor RC, Edgar RK, Cox F (2004) A division with role specialization in group-hunting bottlenose dolphins *(Tursiops truncatus)* off Cedar Key. Florida. Proc R Soc B 272(1559):135–140
9. Holekamp KE, Cooper SM, Katona CI, Berry NA, Frank LG & Smale L (1997a) Patterns of association among female spotted hyenas *(Crocuta crocuta)* J Mammal 78:55–64
10. Henschel JR & Skinner JD (1991) Territorial behaviour by a clan of spotted hyenas *(Crocuta crocuta)* Ethology 88:223–235
11. East ML, Hofer H (1991) Loud-calling in a female-dominated mammalian society: I. Structure and composition of whooping bouts of spotted hyaenas. *Crocuta crocuta*. Anim Behav 42:637–649
12. Drea CM, Vignieri SN, Cunningham SB, Glickman SE (2002) Responses to olfactory stimuli in spotted hyenas *(Crocuta crocuta)*: II. Investigation of environmental odors and the function of rolling. J Comp Psychol 116:331–341
13. Bergman TJ, Beehner JC, Cheney DL, Seyfarth M (2003) Hierarchical classification by rank and kinship in baboons. Science 302(5648):1234–1236
14. Hauser MD, Chen MK, Chen F, Chuang E (2003) Give unto others: genetically unrelated cotton-top tamarin monkeys preferentially give food to those who altruistically give food back. Proc R Soc B 270:2363–2370
15. Holekamp KE, Boydston EE, Szykman M, Graham I, Nutt KJ, Birch S, Piskiel A & Singh M (1999) Vocal recognition in the spotted hyaena and its possible implications regarding the evolution of intelligence
16. Van Horn RC, Engh AL, Scribner KT, Funk SM, Holekamp KE (2004) Behavioural structuring of relatedness in the spotted hyena *(Crocuta crocuta)* suggests direct fitness benefits of clan-level cooperation. Mol Ecol 13(2):449–458
17. Holekamp KE (2000) Boydston EE & Smale L (2000) Group travel in social carnivores. In: Boinksi S, Garber P (Hrsg) On the move: how and why animals travel in groups. University of Chicago Press; Chicago, IL, S 587–627
18. Holekamp KE, Smale L (1993) Ontogeny of dominance in free-living spotted hyaenas: juvenile rank relations with other immature individuals. Anim Behav 46:451–466
19. Smith JE, Memenis SK, Holekamp KE (2007) Rank-related partner choice in the fission–fusion society of the spotted hyena *(Crocuta crocuta)*. Behav Ecol Sociobiol 61:753–765

20. Wahaj S, Guze K, Holekamp KE (2001) Reconciliation in the spotted hyena *(Crocuta crocuta)*. Ethology 107:1057–1074
21. Stangl W (2023) Fission-Fusion-Gesellschaft – Online Lexikon für Psychologie & Pädagogik. https://lexikon.stangl.eu/15890/Fission-Fusion-Gesellschaft
22. Kerth G, Safi K, König B (2002) Mean colony relatedness is a poor predictor of colony structure and female philopatry in the communally breeding Bechstein's bat *(Myotis bechsteinii)*. Behav Ecol Sociobiol 52:203–210
23. Pretzlaff I, Kerth G, Dausmann KH (2010) Communally breeding bats use physiological and behavioral adjustments to optimize daily energy expenditure. Naturwissenschaften 97:353–363
24. Willis CKR, Brigham RM (2004) Roost switching, roost sharing and social cohesion: forest-dwelling big brown bats, *Eptesicus fuscus*, conform to the fission–fusion model. Anim Behav 68:5–505
25. Kerth G, Perony N, Schweitzer F (2011) Bats are able to maintain long-term social relationships despite the high fission–fusion dynamics of their groups. Proc R Soc B Biol Sci 278(1719):2761–2767
26. Kerth G (2006) Relatedness, life history and social behaviour in the long-lived Bechstein's bat (Myotis bechsteinii). In: Zubaid A, McCracken GF, Kunz TH (eds) Functional and evolutionary ecology of bats. Oxford University Press, pp. 199–212
27. Schnitzler H, Kalko E (2001) Echolcation by insect eating bats. Bioscience 51(7):557–569
28. Nikov K, Nikov A, Sahai A (2011) A fuzz bat clustering method for ergonomic screening of office workplaces. Proceedings of Third International Conference on Software, Services and Semantic Technologies S3T:59–66
29. Bshary R, Hohner A, Ait-el-Djoudi K, Fricke H (2006) Interspecific communicative and coordinated hunting between groupers and giant moray eels in the Red Sea. PLoS Biol 4(12):e431
30. Simmonds MP (2006) Into the brains of whales. Appl Anim Behav Sci 100(12):103–116
31. Lusseau D, Newman MEJ (2004) Identifying the role that animals play in their social networks. Proc R Soc Lond B. (Suppl) 271:477–481
32. Whitehead H (2003) Sperm whales: Social evolution in the ocean. University of Chicago Press, Chicago, USA
33. Janik V (2000) Source levels and the estimated active space of bottlenose dolphin *(Tursiops truncatus)* whistles in the Moray Firth, Scotland. J Comp Physiol A 186:673–680
34. Whitehead H, Rendall L, Osbourne RW, Wursig B (2004) Culture and conservation of non-humans with reference to whales and dolphins: review and new direction. J Biol Conserv 120:431–441
35. Norris S (2002) Creatures of culture? Making the case for cultural systems in whales and dolphins. Bioscience 52:9–14
36. Schubert K, Klein M (2020) Das Politiklexikon. 7., aktual. u. erw. Aufl. Bonn: Dietz 2020. (Lizenzausgabe Bonn: Bundeszentrale für politische Bildung)
37. Byrne RW (2018) Machiavellian intelligence retrospective. J Comp Psychol 132(4):432
38. Cords M (1992) Post-conflict reunions and reconciliation in long-tailed macaques. Anim Behav 44(1):57
39. Goodall J (1986) The chimpanzees of Combe: Patterns of behavior. Harvard University Press, Cambridge
40. Seyfarth RM, Cheney DL (1984) Grooming, alliances and reciprocal altruism in vervet monkeys. Nature 308(5959):541–543
41. Cochet H, Byrne RW (2014) Complexity in animal behaviour: Towards common ground. Acta Ethol 18:237–241
42. Byrne RW (2016) Evolving insight. Oxford University Press, Oxford
43. Lucas R, Gentry KE, Sieving KE, Freeberg TM (2018) Communication as a fundamental part of machiavellian intelligence. J Comp Psychol 132(4):442

44. Graham KE, Furuichi T, Byrn RW (2017) The gestural repertoire of the wild bonobo *(Pan paniscus)*: A mutually understood communication system. Anim Cogn 20:171–177
45. Connor RC & Mann J (2006) Social cognition in the wild: Machiavellian dolphins? In: Hurley S, Nudds M (Hrsg) Rational animals? Oxford University Press, Oxford, S 329–367
46. Dunbar RIM (1992) Neocortex size as a constraint on group size in primates. J Hum Evol 20:469–493
47. Smolker RA, Richards AF, Connor RC, Pepper JV (1992) Sex differences in patterns of association among Indian Ocean bottlenose doplhins. Behaviour 123:38–69
48. Connor RC, Heithaus MR, Barre LM (2001) Complex social structure, alliance stability and mating access in bottlenose delfins „super alliance". Proc R Soc Series B 268:263–267
49. Humphrey NK (1976) The social function of intellect. Growing Points in Ethology 37:303–331
50. Whiten A, Byrne RW (1997) Machiavellia Intelligence II: extensions and evalutions. Cambridge University Press, Cambridge
51. Taborsky MJ (1984) Broodcare helpers in the cichlid fish, *Lamprologus brichardi*: their costs and benefits. Anim Behav 32:1236–1252
52. Fricke H (1974) Öko-Ethologie des monogamen Anemonenfisches *Amphiprion bicinctus*. Z Tierpsychol 36:429–512
53. Shettleworth SJ (2010) Clever animals and killjoy explanations in comparative psychology. Trends Cogn Sci 14(11):477–481
54. Milinski M (1990) On cooperation in sticklebacks. Anim Behav 40:1190–1191
55. Bshary R (2011) Machiavellian intelligence in fishes. In: Brown C, Krause J, Laland K (Hrsg) Fish cognition and behavior. Wiley, Cambridge, S 277–297
56. Tebbich S, Bshary R, Grutter A (2002) Cleaner fish *Labroides dimidiatus* recognise familiar clients. Anim Cogn 5:139–145
57. Kruuk H (1972) University of Chicago Press; Chicago. The spotted hyena: a study of predation and social behaviour. J Anim Ecol 42:822–824

Kapitel 8
Die Schwarmintelligenz

Zusammenfassung Die Schwarmintelligenz ist ein Phänomen, die Gruppenmitglieder ermöglicht, Informationen zu sammeln und umzusetzen, wozu Einzelne nie in der Lage gewesen wären. Die kollektive Intelligenz basiert nicht auf genetische Steuerungen, sondern sie entsteht durch das ständige Zusammenspiel einer großen Menge von Individuen ohne einen Anführer, die einfache zufällige Verhaltensweisen hervorbringen. Nötig dafür sind die Fähigkeiten der Selbstorganisation und der Arbeitsteilung. In der Natur gibt es viele Schwarmaktivisten wie Ameisen, Fische, Termiten, Fledermäuse, Vögel und Schaben. In der Tierwelt dient dieser Mechanismus zum Beispiel der effektiven Futtersuche, der Herstellung monströser Bauten mit Klimaanlage und dem eigenen Schutz vor Feinden. Der Mensch hat diese Fähigkeit längst für seine eigenen Zwecke entdeckt.

Nach [1] handelt es sich bei der Schwarmintelligenz um ein Phänomen, das bei Menschen und Tieren beobachtet wurde. Zwei oder mehr unabhängige Individuen erwerben Informationen und dieses Informationsbündel liefert eine Lösung zu einem kognitiven (geistigen) Weg, das nicht von einem Organismus allein umgesetzt werden kann.

In Gruppen lebenden Tiere lösen also Probleme, die sie sonst nicht hätten lösen können. Sie können auf diese Weise mehr Beute machen oder sich besser gegen Feinde schützen. Schwarmintelligenz wird betrachtet als intelligente rechnerische Systeme, abgeleitet von der kollektiven Intelligenz. Diese Intelligenzform wird beschrieben als Gruppenintelligenz, die entsteht bei der Zusammenarbeit einer großen Gruppe von Mitwirkenden, die dasselbe Drehbuch innerhalb derselben Umgebung inszenieren.

Beispiele von homogenen Schwarmaktivisten sind Ameisen, Fische, Termiten, Fledermäuse, Vögel und Schaben. Zwei fundamentale Aspekte sind dabei nötig: erstens: Selbstorganisation (ohne zentrale Autorität) und zweitens: Arbeitsteilung.

© Der/die Autor(en), exklusiv lizenziert an Springer-Verlag GmbH, DE, ein Teil von Springer Nature 2023
G. Gellert, *Die Wildnis und wir: Geschichten von Intelligenz, Emotion und Leid im Tierreich*, https://doi.org/10.1007/978-3-662-68031-5_8

Die Selbstorganisation basiert auf vier Säulen:

1. **Positives Feedback:** einer Arbeit werden mehr Tiere zugeteilt, wenn sich dabei eine intelligente Lösung abzeichnet.
2. **Negatives Feedback:** bei Erfolglosigkeit meiden Tiere eine bestimmte Arbeit oder werden von ihr abgezogen.
3. **Fluktuation:** durch das stetige Umherlaufen werden Zufälligkeiten leichter generiert und neue Lösungen gefunden.
4. **Teilen von Informationen:** es gibt kein „Herrschaftswissen". Alle Informationen werden mit allen anderen aus der Gruppe geteilt [2].

Zwar kann das Mitglied einer Kolonie als primitiv betrachtet werden, aber in Verbund mit anderen kann es komplizierte Aufgaben lösen.

Beispiel: einige Ameisen laufen ziellos umher in einer offenen Umgebung und suchen nach Futter. Nachdem Futter geortet worden ist, kehren sie zu ihrem Nest zurück und teilen den Fund den anderen mit. Andere Mitglieder der Ameisenkolonien legen dann mit Pheromon markierte Pfade zwischen dem Nest und der Futterstelle an. Termiten und Wespen koordinieren miteinander sogar komplexe Nester. Auch Bienen verschiedener Bienenstöcke unterstützen sich gegenseitig und machen sich durch Tanzbewegungen auf Futterquellen aufmerksam.

Ein Vorteil dabei ist, dass ein Schwarm immer noch existiert, wenn Einzelne verschwinden oder getötet werden. Jede einzelne Biene hat nur die Fähigkeit einen winzigen Teil ihrer Umgebung zu bearbeiten, aber die Gesamtheit der Bienen erscheint dann als mächtige kollektive Intelligenz.

Bei der Schwarmintelligenz ist es sehr wichtig, die komplette Kontrolle über das Umfeld zu haben. Das Wort „Intelligenz" ist eng mit dem Begriff „intelligentes Verhalten" verknüpft. Letzteres wird betrachtet als verschiedene Aktionen zur Gewährleistung der Systemzuverlässigkeit. Die kollektive Intelligenz basiert nach [2] nicht auf genetische Steuerungen, sondern es entsteht durch das ständige Zusammenspiel einer großen Menge von Individuen, die einfache zufällige Verhaltensweisen hervorbringen, bei gleichzeitiger begrenzter Kenntnis der Umgebung. Kollektive Intelligenz ist die Summe von Handlungen von möglicherweise Millionen von Individuen.

Ein anderes Beispiel von Schwarmintelligenz: afrikanische Termiten der Art *Macrotermes bellicosus* bauen Hügel mit einem Durchmesser von 30 m und mit einer Höhe von sechs Metern [3]. Dieser biologische Wolkenkratzer ist das Werk von Millionen 1–2 mm großen und völlig blinden Individuen. In den meisten Fällen ist ein einzelnes Insekt nicht in der Lage eine effiziente Lösung für ein Problem zu finden, während die Gemeinschaft, zu der er gehört, aber sehr leicht eine umfassende und faszinierende Lösung findet.

Die Termitenart *Apicotermes lamani* baut wohl die komplexesten Strukturen im Tierreich. An der Außenseite ihrer 20 bis 40 cm hohen Nestern existieren kleine Strukturen, die dem Gasaustausch mit der Außenwelt dienen. Im Innern gibt es eine Folge von Kammern, die miteinander mit spiralförmigen Rampen verbunden sind. Es gibt Treppen in die verschiedenen Etagen und einige Treppen durchqueren sogar das gesamte Nest.

Das Belüftungssystem innerhalb der Termitenhügel wurde am Beispiel der Art *Macrotermes michaelseni* von [4] erkundet und dabei festgestellt, dass dieses System von Klimaanlagen auch für menschliche Gebäude geeignet ist. Besonderes Augenmerk haben sie auf das Gebilde oben an der Hügelspitze gelegt. Damit wird überschüssige Feuchtigkeit an die Umgebung abgegeben, ohne dass dabei im Hügelinnere das Gleichgewicht zwischen Feuchtigkeit und Temperatur destabilisiert wird. Durch die Öffnungen der Termitenhügel wird leichter Wind hineingetragen. Dieser ständige Luftstrom in den Hügel sorgt zudem auch dafür, dass die Tunnelwände trocken bleiben und sich so kein Schimmel bildet.

Derartige Leistungen der Termiten auf Gruppenebene basieren auf das Zusammenspiel von vier Komponenten:

1. **Koordination:** geeignete Organisation in Raum und Zeit, um ein bestimmtes Problem zu lösen,
2. **Kooperation:** planvolles Herangehen, weil ein einzelnes Insekt diese Aufgabe nicht schafft,
3. **Beratung:** im Falle, dass einer Kolonie mehrere Optionen zur Verfügung stehen und
4. **Zusammenarbeit:** Aktivitäten, die von verschiedenen Spezialisten durchgeführt werden, wie etwa Brutpflege oder Futtersuche. Beispiel: bei einer Ameisenart gibt es Blattschneider. Ihr Kopf ist 1,6 mm groß und passt zu dieser Aufgabe. Die Blätter werden übrigens benötigt, um Pilzkulturen anzulegen. Die kleinen Arbeiter mit einer Kopfgröße von nur 0,5 mm dienen dann perfekt zur Pflege dieser Pilzkulturen.

Einzelne Insekten brauchen keinen Plan oder spezielle Kenntnisse über die globale Struktur, die sie herstellen. Ein einzelnes Insekt ist nicht in der Lage, eine globale Struktur ganzheitlich zu bewerten, Informationen über den Gesamtzustand der Kolonie zu erwerben und schließlich die Aufgaben der anderen Arbeiter zu überwachen. Es gibt keinen Bauleiter in diesen Kolonien [5].

Die Regeln, die Zusammenarbeit zwischen Insekten gelten, basieren auf lokale Informationen ohne Kenntnisse des Ganzen. Jedes Insekt folgt nur einer kleinen Auswahl von Verhaltensregeln. Nach [6] fliegen Vögel in Scharen, um Ihre Überlebenschance (das Finden von Futter und Vermeidung von Rauvögeln) zu erhöhen. Im Schwarm gewinnen die Vögel einige Vorteile: zunächst steigt ihre Sicherheit durch die schiere Anzahl der Tiere. Ein einzelnes Tier wird so schwerer zur Beute. Außerdem können Alarmmeldungen besser weitergegeben werden und erreichen schneller den gesamten Schwarm. In einem Schwarm zu fliegen dient auch der Ablenkung. Der Angreifer muss zunächst mit sich selbst ringen, welchen bestimmten Vogel er aus der Schar herausnimmt.

Vögel im Schwarm sind auch erfolgreicher bei der Futtersuche. Entdeckungen werden schnell innerhalb der Gruppe weitergeleitet. Das Fliegen in einer Gruppe erhöht auch die Effizienz bei dieser sehr anstrengenden Fortbewegungsart, weil sie aerodynamischer ist. Dieses Verhalten treiben auch Radrennfahrer zur Perfektion. Weitere Anmerkungen dazu im folgendem Abschn. 8.1.1 „Vogelschwärme".

Wie funktioniert die Schwarmintelligenz von Ameisen vergleichsweise in einem Labyrinth? Viele Ameisen beginnen dort zunächst herumzulaufen, wobei ihr Weg zufällig gewählt ist. Dabei entlassen sie Pheromone (flüchtige Duftstoffe) auf dem Boden hinter ihnen. Die Intensität dieses Geruches ist der Kompass. Der Ameisenverkehr entlang des kürzesten Weges produziert auch mehr Rückkehrer, sodass die Pheromonspur in der gleichen Zeit stärker wahrgenommen wird als bei Ameisen, die den ungünstigen längeren Weg gewählt haben. Ameisen folgen immer der stärkeren Pheromonspur, sodass der Konieverkehr auf diese Weise immer auf dem kürzesten Weg stattfinden kann. Zur gleichen Zeit verflüchtigen sich die Pheromone in einer konstanten Rate an anderen eher uninteressanten Orten. Das gibt den Ameisen das Signal, diese begangenen Wege wieder „zu vergessen" sind. Eine einzelne Ameise ist nicht in der Lage, einen signifikanten Weg zu markieren, wenn es im Labyrinth umherläuft. Sein Pheromon verflüchtigt sich zu schnell bevor andere Ameisen ihm folgen und so die Pheromonspur verstärken könnte. Auch kleine Ansammlungen von Ameisen sind noch nicht in der Lage, eine kräftige Pheromonspur zu hinterlassen. Nur durch die Koordination einer großen Gruppe, vermittelt durch die Kommunikation mit chemischen Signalen, können die Ameisen das Problem lösen, und dabei eine Schwarmintelligenz zur Schau stellen [7].

Ameisen sind dafür bekannt, auf zwei verschiedene Arten ihr Revier rund um das Nest zu markieren. Was die Außengrenzen anbetrifft, gehen die Ameisen gegen die fremde, aber auch gegen die eigene Art vor, wenn sie etwa aus einer anderen Kolonie stammt. Dagegen werden aber markierte Gebiete, die gastfreundlich und für die Futtersuche geeignet sind, nicht gegen andere Kolonien verteidigt. Eine sehr soziale Einstellung und bei uns Menschen kaum noch bekannt [8]!

Bei der Ameisenart *Temnothorax rugatulus* wurde herausgefunden, dass ein Alarmpheromon sogar zwei verschiedene Bedeutungen hat, abhängig von der Situation des Ausbringens. In einem unbekannten Nest veranlasst es, dieses als eine mögliche neue Heimat zu markieren. Wird dieses Alarmpheromon hingegen in der Nähe des eigenen Nestes abgegeben, bedeutet das ein Signal zur Verteidigung gegen eine fremde Bedrohung [9].

Bei den Pharaoameisen (*Monomorium pharaonis*) sind gleich drei verschiedene Pheromone im Zusammenhang mit der Futtersuche im Einsatz. Zunächst kommt ein langlebiges und für diese Ameisenart attraktives Pheromon, um zunächst den „Straßenplan" bei der Futtersuche zu erstellen. Dazu gibt es noch zwei kurzlebige Pheromone, wobei das eine attraktiv und das andere abstoßend wirkt. Beide dienen dazu, kurzzeitig Futterstellen zu markieren. Das abstoßende Pheromon wirkt doppelt so lange wie das attraktive, was sehr plausibel ist, weil es Zeit und Energie bei der Suche spart, nach dem Motto: *hier ist nichts mehr zu holen*, Finger weg [10].

Es war schon eine tolle Idee von der Natur zu erfinden, wie Organismen es vermeiden in eine Fallgrube zu fallen, indem sie eine bereits aufgesuchte futterleere Region nicht wieder neu betreten. Hier spielt das „externe Gedächtnis" die Schlüsselrolle. Nicht jede Ameise muss sich alles merken, sondern die Umgebung ist die Landkarte und die Tiere richten sich nur nach ihren eigenen Duftmarken. So können auch fremde Räume schnell erkundet werden.

Früher wurden noch Insekten als reflexhafte kleine Automaten angesehen. Jedoch sind Insekten in der Evolution als extrem erfolgreich anzusehen. Sie haben nahezu alle Lebensräume erobert und übertreffen höher entwickelte Organismen an Arten- und Individuenzahlen bei weitem. Schon deshalb muss das Insektengehirn gute Lösungen anbieten, um die ökologischen Herausforderungen zu meistern [11]. Das Gehirn der Honigbiene hat nur ein Volumen von etwa 1 mm^3 und enthält etwa 960.000 Gehirnzellen. Der Mensch hat im Vergleich dazu etwa 100.000.000.000 Gehirnzellen. Bienen tauschen Informationen untereinander durch Tanzbewegungen aus, fliegen kilometerweit und orientieren sich an Landmarken. Bienen sehen die Welt in Farben, erkennen Formen und Mustern und nehmen Gerüche war. Das alles geschieht mit etwa einer Million Gehirnzellen.

8.1 Beispiele von Schwarmintelligenz

8.1.1 Vogelschwärme

Zusammenfassung Energiesparen spielt bei der Bildung eines Vogelschwarms bei vielen Arten nicht die überragende Rolle. Sich in großen Gruppen gemeinsam bewegen und dabei soziale Informationen auszutauschen kann auch zu zahlreichen Vorteilen für das Individuum führen. Hinzu kommen noch die kollektive Wachsamkeit und eine verbesserte Sicherheit als Ergebnis einer größeren Teilnehmerzahl oder von Vogelaugen. Es werden verschieden Schwarmformen unterschieden, die von der Vogelzahl von Richtungsänderungen oder von der Reiseentfernung abhängig sind.

Ein in der Natur auffälliges kollektive Verhalten von Tieren ist der Vogelschwarm, der viele Wissenschaftler angeregt hat darüber zu forschen. Es müssen wahrscheinlich einige sich überlappende Gründe für ein derartiges Verhalten geben, als unbedingt nur die beste Formation auszuwählen, um den Luftwiederstand auszugleichen. Das gilt zum Beispiel für Stare *(Sturnidae)*.

Folgende andere Ziele sind denkbar: a) eine gegenseitige Beobachtung, b) die kollektive Wachsamkeit, c) eine verbesserte Sicherheit als Ergebnis einer größeren Vogelzahl oder von Vogelaugen oder d) die Vorführung der eigenen Leistungsfähigkeit.

Energiesparen spielt bei der Bildung des Vogelschwarms bei vielen Vogelarten nicht die überragende Rolle. [12] zeigten zum Beispiel bei Tauben *(Columbidae)*, dass Ihre Flügel im Verbund schneller schlagen, als wenn sie alleine flögen. Das aber kostet Kraft. Die Flügelschlagfrequenz korreliert stark mit der Nähe anderer Mitflieger. Die höhere Schlagfrequenz und die damit verbundene höhere Fluggeschwindigkeit ist eine Anpassungsstrategie an die gestiegenen Anforderungen

der Flugsteuerung und zur Kollisionsvermeidung. Die Flügelschlagfrequenz kann
als Maßstab für den Energieverbrauch angesehen werden. Im Vogelschwarm kann
folglich der Energieverbrauch für Einzelne höher sein als während eines Allein-
fluges. Das gilt aber nicht für Vogelzüge über Tausende von Kilometern (siehe
Abschn. 8.1.2 „der Vogelzug"). Hier sind andere Regularien am Werk.

Sich in großen Gruppen gemeinsam bewegen und dabei soziale Informationen
auszutauschen kann zu zahlreichen Vorteilen für das Individuum führen. Leider
fehlt uns bis heute ein Verständnis über anziehende und abstoßende Kräfte
zwischen Individuen innerhalb des Vogelschwarms und wie diese Kräfte die
Position der Nachbarn beeinflusst und schlussendlich die Form des Vogelschwarms bestimmt. Die Kraft, die auf das Individuum einwirkt, bestimmt seine
Fluggeschwindigkeit, seine relative Stellung innerhalb der Gruppe und letztend-
lich auch die Form des Schwarms [13].

Es gibt verschiedene Schwarmformen. Die rechteckige Form ist dabei die
seltenste. Der Schwarm kann sich auch während des Fluges verändern. Wenn
zum Beispiel die Schwärme von Felsentauben *(Columba livia)* oder von Staren
(Sturnus vulgaris) eine Kurve am Himmel beschreiben, so verändert sich zeit-
weilig die Schwarmdichte. Es kommt auch vor, dass Individuen innerhalb
des Schwarms ihre Positionen wechseln [14]. Offensichtlich ist das den Einschränkungen beim Fliegen geschuldet. Diese betreffen das Walzverhalten beim
Kurvenfliegen und die gleichbleibende Fluggeschwindigkeit. In der Kurve wirken
die Zentripetalkraft (eine nach Innen gerichtete Kraft bei Drehbewegungen) und
die Kraft aus dem Schwarm herausgeschleudert zu werden. Daraus resultiert
eine Abnahme des Auftriebs und ein Verlust an Höhe. Deshalb ist ein derartiger Schwarm in der Kurve auch vertikal variabel geformt. Zum Beispiel,
wenn der Schwarm in Flugrichtung zunächst länglich ist und alle Schwarmmitglieder sich dann nach rechts wenden, dann ist der Schwarm nach der Kurve in
der neuen Flugrichtung zunächst noch breit [15]. Diese Formänderung wird
auch genutzt, um Plätze zu tauschen. Zum Beispiel werden Individuen, die sich
vor der Kurve noch vorne befunden haben, sich nach der Kurve auf einer Seite
des Schwarms wiederfinden [16]. Es gibt auch die Fälle, dass Vögel an der
Spitze des Schwarms sich schon nach der Kurve befinden, während die hinteren
Reihen noch in der Kurve sind. Das führt dazu, dass die Vorneflieger das Heck
des Schwarms erreichen, sodass der gesamte Schwarm komprimiert wird [17].
Die Schwarmgröße spielt auch eine Rolle bei der Formgestaltung. Auch wenn
Stare schnurrgeradeaus über flachem Gelände fliegen, erzeugt der große Schwarm
kleinere Schwärme, die sich etwas selbständiger bewegen. Wenn die Anzahl
der Schwarmmitglieder geringer ist, ist die Form des Schwarmes variabler.
Umgekehrt, hat der Schwarm viele Teilnehmer, dann sind die Schwärme dichter
und die Form ist statisch und eher wie ein Ball geformt [16].

8.1.2 Der Vogelzug

Zusammenfassung Bei langen Flugstrecken ist Energiesparen das oberste Gebot. Dazu muss die Fluggeschwindigkeit möglichst gleichbleibend sein. Durch die Bildung von bestimmten Flugformationen wird auch noch Energie gespart, wobei hier die Nutzung des Windschattens im Vordergrund steht. Der Anführer und die letzten folgenden Tiere einer Kolonne haben es am schwersten. Um ständig in eine Richtung zu fliegen haben Vögel die Fähigkeit, die Position der Sonne relativ zur Erde zu erfassen, und das mehrfach täglich. Aber auch topographische Merkmale wie Flussläufe, und neuerdings auch Autobahnen, gehören dazu. Einige Zugvögelarten sind in der Lage, sich auch bei Nacht zu orientieren.

Das Wichtigste beim Langstreckenflug von Vögeln scheint zu sein, die Flügelschlagfrequenz gleichbleibend zu halten und somit auch die Fluggeschwindigkeit. Wechselnde Geschwindigkeiten sind energetisch teuer und auf Dauer nicht zu halten. Das hat auch mit der Physik des Vogelfluges zu tun. Vögel müssen einerseits schnell genug fliegen um genügend Auftrieb zu bekommen, andererseits müssen sie aber trotzdem mit ihren Kräften sorgfältig haushalten [18]. Der Auftrieb durch die Luft ist relativ klein. Um zum Beispiel während des Fluges nicht mit dem „Vordermann" zusammenzustoßen, wird nun nicht die Fluggeschwindigkeit, sondern die Flugrichtung minimal verändert, zum Beispiel nur durch Veränderungen der Körperhaltung [19]. Durch diese leichte Kurkorrektur wird nur eine sehr leichte Abbremsung innerhalb des Schwarms erreicht, die beim Weiterflug nur geringe Kräfte verbraucht, um wieder Anschluss zu halten. Die Physik des Vogelfluges macht leichte Kurskorrekturen energetisch billiger als ein ständiger Wechsel der Fluggeschwindigkeit wie abbremsen und wieder beschleunigen. Des Weiteren kann die Vermeidung von Kollisionen durch leichte kurzfristige Kurskorrekturen die lokale Verteilung der Tiere verändern und so auch die Schwarmform.

Wie schon seit langem bekannt ist, verleihen Formationsflüge aerodynamische Vorteile bei starren Flugzeugflügeln. Fliegen in einer Flügelposition, die Aufwind erzeugt, ist so, als ob eine aufwandfreie Quelle einen nach oben treibt.

Der Luftwiderstand steht in direkter Beziehung zum „Treibstoffverbrauch", sodass Formationsflüge bei Vögeln als ein Weg gesehen werden, entweder ihr Verbreitungsgebiet zu erweitern oder aber die Kosten beim Pendelverkehr zu senken. Die verschiedenen Flugformationen sind durch mathematische Modelle in ihren Auswirkungen bestätigt worden. Aber die Vogelschwärme halten sich, was Ordnung und Präzision angeht, nicht so streng an die Vorgaben der mathematischen Modelle, um Energie zu sparen. Für Kurzflügler steht, wie schon in Abschn. 8.1.1 „Vogelschwärme" erwähnt, Energiesparen nicht an erster Stelle, also haben die Schwärme, wie bereits skizziert, eine eher andere Bedeutung. Die V- oder Keilformation, wie bei den Kranichen (*Grus grus*) oder Gänsen *(Anserinae),* dient sicherlich in erster Linie der Energieersparnis. Bei Gänsen erhöht sich sogar ihr Verbreitungsgebiet um 70 % [20].

Bei den Zugvögeln machen die V-Formationen zum Kräftesparen Sinn. Zugvögel zeigen besondere Leistungen über enorme Distanzen. Sie müssen zusätzlich noch mit zwei ganz verschiedenen Lebensräumen (in Afrika und in Europa) zurechtkommen. Arktische Seeschwalben *(Sterna paradisaea)* zum Beispiel überwinden eine Strecke von 25.000 bis 34.000 km, um jährlich von der Arktis in die Antarktis zu fliegen und wieder zurück. Der Borstenbrachvogel *(Numenius tahitiensis)* fliegt 10.000 km von Alaska nach Polynesien, wobei er nonstop über eine Strecke von 3.200 km über dem Pazifik zurücklegen muss [21]. Vögel überwinden derartige Strecken oft über Nacht. Die Vögel nehmen angestammte Flugrouten und folgen Flussläufen und Gebirgsketten und beachten auch andere topographische Merkmale. Mittlerweile werden sogar schon Landstraßen und Autobahnen als Wegmarken genutzt, wie es bei Tauben *(Columbidae)* nachgewiesen werden konnte [21]. Dabei handelt es sich nicht um ein fortlaufendes und nacheinander folgendes Abrufen einer im Kopf eingebrannten Karte. Werden sie beispielsweise durch Wetterereignisse vom Kurs abgebracht, auch über hunderte von Kilometern, korrigieren sie den Kurs, um wieder auf ihre alte Route zurückzukehren. Der Mensch wäre nicht in der Lage, derartiges zu vollbringen. Kein Mensch könnte das, was die Zugvögel können, nämlich Tausende von Kilometern reisen und wieder zurück, sich auf die mentale Karte und dem Gedächtnis verlassend, und den Weg zum Ausgangspunkt wieder zurückzufinden. Um ständig in eine Richtung zu fliegen, hat es sich gezeigt, dass Vögel die Fähigkeit haben, die Position der Sonne relativ zur Erde zu erfassen, und das mehrfach täglich. Zugvögel sind auch in der Lage, sich bei Nacht zu orientieren, so wie es die Tuaregs in der Sahara machen, indem sie aber den Kamelen die Orientierung nach den Sternen überlassen.

Neueste Forschungsergebnisse zeigten, dass Vögel das Magnetfeld der Erde erfassen können, welches die anderen Navigationsprozeduren ersetzen kann, wenn die Wetterbedingungen diese einschränkten. Winzige magnetische Kristalle hat man in den Köpfen von Tauben schon gefunden [21].

Menschen müssen dafür Prothesen entwickeln wie Kompass, Kreisel und Radar, um gigantische Strecken zielsicher zu überwinden.

Vieles bei den Zugvögeln ist noch unklar [22]. Zum Beispiel, wird die Zugrichtung von einem Tier bestimmt oder von mehreren „Führern" im Schwarm oder ist die Flugrichtung das Ergebnis der Vektorsumme aller teilnehmenden Individuen? Wie verhält es sich mit der Fluggeschwindigkeit? Wird sie von einem Anführer vorgegeben oder handelt es sich um einen Kompromiss unter den Schwarmmitgliedern? Bei der Fluggeschwindigkeit kann festgestellt werden, dass sie von der Schwarmgröße abhängt. Je größer der Schwarm ist umso höher auch die Fluggeschwindigkeit [22]. Vögel, die in einer Blockbildung fliegen, können den Aufwind, der durch Flügelspitzen des „Vordervogels" erzeugt wird, nutzen und den reduzierten Luftwiderstand für eine höhere Geschwindigkeit nutzen [23]. Messungen haben bei Pelikanen *(Pellicanus)* gezeigt, dass Ihr Herz in einem Schwarm langsamer schlägt und sie ihre Gleitflugphasen weiter ausdehnen können [24].

Warum die Fluggeschwindigkeit auch von der Schwarmgröße abhängt, ist bisher nicht geklärt, aber es könnten gleich einige Gründe dafür maßgebend sein. Einer wäre, dass Vögel ihren Flugaufwand gerne auf einem gleichbleibenden Level halten, um ihren Aufwand zu reduzieren. Das bedeutet eine höhere Fluggeschwindigkeit. Es bleibt aber noch zu klären, ob eine Flugformation zur Reduzierung der Energiekosten führt (wie bei den Pelikanen) oder zur Erhöhung der Fluggeschwindigkeit, wie es andere Vogelarten tun.

Wie sieht es bei den Langstreckenfliegern aus, wie beispielsweise bei Kranichen oder Gänsen? Bei denen ist die V-förmige Gestalt der Flugformation „Stand der Technik". Bei langen Strecken geht es besonders um den Luftwiderstand. Dieser muss so weit wie möglich herabgesetzt werden. Und tatsächlich, im V-Formationsflug produziert jeder Flügel Luftwirbel aufgrund der Luftdruckunterschiede zwischen Flügeloberseite und -unterseite [25]. Wenn der Flügel die Luft durchschneidet, müssen die Luftmoleküle oberhalb der Flügel schneller fließen als unterhalb, um wieder hinter dem Flügel zusammenzukommen. So entsteht oberhalb der Flügel einen Unterdruck, der zum Auftrieb des Vogels führt [26]. Auch der Luftwiderstand verringert sich, verursacht durch den „Vordermann". [27] studierte Vogelschwärme und verglich die Flugformationen mit einer Hypothese von [28]. Diese vermuten, dass für eine maximale Energieeinsparung während der Formationsflüge der Abstand zum Vordermann etwa drei Flügelspannweiten betragen soll. Bei Gänsen bringt das immerhin eine Verringerung des Luftwiderstandes von etwa 36 %. Weitere Gründe für V-förmige Formationsflüge, außer der Kraftersparnis, vermuten [29] noch soziale und visuelle Faktoren.

Im Formationsflug profitieren nicht alle gleichmäßig von der Kraftersparnis. Der Anführer und die beiden letzten folgenden Tiere einer Kolonne haben es am schwersten [30].

Betrachten wir zum besseren Verständnis die Spitze der V-Formation: der Windschatten, verursacht durch den Anführer, verbessert die Leistungsfähigkeit der zwei nachfolgenden Vögel. Diese zwei Vögel wiederum verbessern die Leistungsfähigkeit der beiden nächstfolgenden Vögel in der Reihe, usw. Obwohl die weiter hinten fliegenden Vögel vielmehr von der Kraftersparnis durch das Windschattenfliegen haben als die vorderen Vögel, haben auch die vorderen Vögel zumindest eine kleinere Ersparnis des Luftwiderstandes. Und das geht so: die Anwesenheit der beiden Vögel, die den Anführer flankierend begleiten, helfen den Abwind aufzulösen, den die Flügelspitzen des Anführers verursachen und reduzieren so ein wenig den Kraftaufwand des Führenden (Position 1). Die beiden nachfolgende Vögel (an Position 2 und 3) profitieren wiederum vom Windschatten des Anführers. Mit anderen Worten: die Vögel die sich in der Mitte einer Kolonne aufhalten, sind in der besten und kraftsparendsten Position [31].

Waldrappen (Geronticus eremita) wurden bei ihrer Herbstmigration beobachtet und es wurde dabei festgestellt [32], dass der Anführer solange vorne fliegt, wie er selbst einen Nutzen davon hätte im Windschatten anderer zu fliegen. Die Waldrappen haben es also im „Gefühl", wie lange sie bis zur nächste Ablösung führen müssen (das ist bei der Tour de France nicht anders). Darüber hinaus fanden

Forscher Hinweise darauf, dass die Neigung eine Schwarmführung als Gegenleistung zu übernehmen, substantiell von der Größe und Geschlossenheit der
Flugformation abhängt. Wie bereits beschrieben, hat es der Schwarmführer am
schwersten, er verbraucht die meiste Energie, auch wenn die beiden folgenden
Vögel, physikalisch betrachtet, für etwas Unterstützung bei der Zugkraft des
Anführers sorgen. Es gibt also Gründe, warum der Anführer aus seiner Position
aussteigt. Ein Grund ist klar, wenn nämlich seine Energien ausgehen. Dann reiht
er sich in der Mitte einer der beiden Kolonnen in der V-förmigen Formation ein.
Bei den Kanadagänsen *(Branta canadensis)* erfolgt die Rotation der Spitzen-
position häufig [33].

Wie bekannt ist, verbrauchen der führende und der letzte Zugvogel innerhalb
einer Kolonne mehr Energie als die in den mittleren Positionen. In Abhängigkeit
von der Formationsgröße gibt es folglich zwei Zugvögel in jeder Kolonne mit
dem höchsten Energieverbrauch. Die ständige Umgestaltung der Kolonne basiert
auf dem Austausch des Führenden und des Letzten in der Reihe mit frischeren
Kräften. Leider ist es noch nicht geklärt, wie beispielsweise die Gänse den Austausch vorher kommunizieren [34]. Bei der Flugbeobachtung einer Reihe von vier-
zehn Kanadagänsen im Formationsflug hintereinander, konnten [34] folgendes
Szenario beobachten: die Position der Gänse auf den Plätzen 2 und 13 änderten
sich nie. Sie verweilten auf ihren Positionen. Nur an der ersten (Platz 1) und an
der letzten Position (Platz 14) wurde rotiert. Die Führungsposition wurde im
Laufe des Fluges zwischenzeitlich am häufigsten von den Plätzen 3, 5 und 6 eingenommen. Die letzte Position wurde am häufigsten von den Plätzen 9, 10 und
12 eingenommen. Nach dem ersten Wechsel bewegte sich beispielsweise die
Führungsganz von Platz 1 auf Platz 7 und die letzte Gans von Platz 14 auf Platz 8
innerhalb dieser Kolonne.

Formationsflüge von Zugvögeln ist ein Kooperationsdilemma, weil vorwiegend die nachfolgenden Ränge vom Windschatten des vorne arbeitenden
Tieres profitieren. Bei Beginn einer Etappe versuchen daher zunächst alle Vögel
den Windschatten des Vordermannes zu ergattern für einen möglichst deutlichen
Anteil der Flugzeit und dennoch sind sie „zähneknirschend" bereit, zeitweise
die Führung zu übernehmen. Es kann mit Fug und Recht behauptet werden, dass
hier eine Zusammenarbeit stattfindet, die auf eine direkte Gegenseitigkeit basiert
[32]. Verhaltensanpassungen, wie bei Waldrappen auf Langdistanzflügen, hervorgerufen durch physiologische Zwänge, geschehen durch Formationsflüge. Zu
dieser Verhaltensweise bedarf es einer hohen sozialen Organisation während der
Migration. Fliegen auf einer aerodynamischen Weise verlangt Kooperation. Diese
Aufgabe kann besser bewältigt werden, wenn es innerhalb des Schwarms familiäre
Beziehungen gibt, oder durch das Prinzip der Leistung und Gegenleistung. In
beiden Fällen verlangt es kleinere Vogelgruppen, die für eine längere Zeit oder
sogar für die gesamte Dauer der Migration fest zusammenstehen [35].

8.1.3 Der Schmetterlingszug

Zusammenfassung Auch Schmetterlinge führen Langdistanzflüge durch. Das Aufsuchen und Besetzen von vorteilhaften Arealen, wenn der derzeitige Lebensraum, jahreszeitlich bedingt, unwirtlicher geworden ist, haben auch Insekten für sich entdeckt. Allerdings umfasst die Insektenmigration, wegen der kurzen Lebensdauer, oftmals mehrere Generationen nach dem Motto „die Großeltern fliegen los und die Urenkel kehren wieder zurück". Da sie naturgemäß kräftemäßig mit den Zugvögeln nicht mithalten können, nutzen sie geschickt Passatwinde, um die großen Entfernungen zurückzulegen.

Schmetterlinge gehören zu den bestuntersuchten Insektengruppen weltweit. Etwa 600 Arten gehören zu den wandernden Arten [36].

Aus der Sicht des Naturschutzes sind Migrationen heutzutage nicht mehr die beste Idee, weil die Zahl und die Form der Bedrohungen sehr stark gestiegen sind, besonders durch menschliche Umweltzerstörungen und intensive Bejagungen. Allerdings ermöglicht Migration das Aufsuchen und Besetzen von vorteilhaften Lebensräumen, wenn der derzeitige Lebensraum, jahreszeitlich bedingt, unwirtlicher geworden ist. Die Individuen verfügen über Merkmale, die diese Reisen ermöglichen. Dazu kommt noch, dass sie über eine innere Uhr verfügen. Leider ist bis heute die Insektenmigration noch nicht so gut wissenschaftlich erforscht. Das hängt auch mit der Größe der Tiere zusammen [37]. Bei den Vögeln weiß man, dass 19 % der Arten wandern. Bei Insekten weiß man es bis heute nicht genau [38].

Schmetterlinge sind für Insekten relativ groß, oft bunt und gewöhnlich mit einem Tag-Nacht-Rhythmus (bei Motten ist das anders) versehen. Schmetterlinge sind bekannt für ihre Fülle an Bewegungstypen. Das geht von extremer Sesshaftigkeit bis hin zu einer Reise von Tausenden von Kilometern. Zum Beispiel führt der Monarch-Schmetterling *(Danaus plexippus)* eine Rundreise zwischen Kanada und Mexiko durch, die 5 Generationen umfasst und zwischen 5.000 und 6.000 km liegt, um seine Wanderung zu vollenden [39]. Das bedeutet, der Großvater zieht los und erst der Urenkel kehrt wieder an den Ausgangspunkt zurück.

Der Distelfalter *(Vanessa cardui)* reist mehr als doppelt so weit, nämlich von Nordeuropa bis nach Westafrika und legt dabei 15.000 km über sechs bis sieben Generationen zurück [40].

Was ist eigentlich Migration? Dazu hat [41] die passende Erklärung geliefert: das Zug- oder Migrationsverhalten ist beständig und eine gerichtete Bewegung, durchgeführt von der eigenen motorischen Anstrengung eines Tieres. Im Vergleich zu vielen Wirbeltierarten ist das Zugverhalten von Schmetterlingen eher atypisch. Leider fehlt es an Forschung zum Verhalten und zu physiologischen Aspekten, um zu erklären, warum das so ist. Da Schmetterlinge generell eine kurze Lebensspanne haben, sind die Geburtsjahrgänge zeitlich voneinander getrennt. Ein derartiges Migrationsverhalten wird „aufeinanderfolgende Teilmigration" genannt [42]. Diese Art der Migration ist typisch für Schmetterlinge. Zugschmetterlinge kommen in allen Teilen der Welt vor, außer in der Antarktis. Die meisten Beobachtungen erfolgen in tropischen Ländern, mit ihren jahreszeitlich bedingten

Nass- und Trockenphasen. Viele Schmetterlinge wandern jedes Jahr von einem
Teil der Welt in den anderen. Sie überqueren nationale Grenzen und ihre Zahl
während des Fluges ist beträchtlich [43].

Auch beim Distelfalter *(Vanessa cardui)* handelt es sich um eine Wanderfalter-
art, die weite Strecken zurücklegt. Wie der Name es bereits verrät, trifft man diese
Schmetterlingsart auch in Deutschland unter anderem in Gebieten, in denen viele
Disteln vorkommen, wobei sie aber auch andere Pflanzenarten aufsucht [44].
Interessant ist, dass diese Art in großen Teilen der Welt zu finden ist, außer in
Südamerika und in Australien. Damit gehört der Distelfalter zu den Arten mit der
weitesten Verbreitung [45]. Wie kann der Falter derartige Strecken zurücklegen?
Das hat zum Beispiel mit der Übereinstimmung der günstigen Passatwinde und
ihrer passgenauen Ankunftszeit in Südeuropa zu tun. Der Falter verlässt rechtzeitig
sein „Basislager" in der Maghreb Wüste, um später dann mit dem Passatwind
weiterzuziehen [46]. Seine Route verläuft folgendermaßen: zunächst erfolgt eine
seitliche geographische Verschiebung der Population noch auf dem afrikanischen
Boden. Dann erfolgt im Frühjahr mithilfe der Passatwinde ein Vorrücken nach
Europa zwischen März und Juni, gefolgt von einer Umkehr wieder nach Südeuropa im Herbst (zwischen September und November). Für diesen jährlichen
Zyklus zwischen der Maghreb- oder der Sahelzone und dem Norden Europas
braucht es 6 Generationen [47]. Beobachtungen mit einer ornithologischem Radar-
anlage in der Sahelzone in Afrika zeigten, dass einige Migranten von Europa
die Sahelzone auch über die atlantische Küstenlinie erreichen [47]. Es ist jedoch
unklar, ob diese Route auch für Zentral- und Ostafrika gilt. Die Fragen sind noch
offen, ob innerhalb einer Generation Südeuropa erreicht wird und ob die Sahara-
wüste in Massen überquert werden kann. Weitere Fragen sind die Aufenthaltsorte
des Distelfalters zwischen Dezember und Februar. Auch hier glauben [47], dass
die Individuen die Wintermonate in der Maghreb Wüste verbringen, wo sie bis
zu sieben Generationen hintereinander leben können, ohne den Versuch zu unternehmen, wieder nach Norden aufzubrechen.

8.1.4 Der Fischschwarm

Zusammenfassung Bei Fischen hat die Schwarmbildung eine ähnliche
Bedeutung wie bei den Vögeln, weil im Schwarm ein Fisch weniger das Risiko
erleidet zur Beute anderer zu werden. Die kollektive Wahrnehmung kann zur
eigenen Sicherheit beitragen. Zur Schwarmbildung nutzt der Fisch das Seitenliniensystem und die Augen. Ein größerer Fischschwarm findet zudem schneller
eine eher verborgene Futterquelle und das kollektive Schwimmen reduziert die
eigenen Energiekosten, wegen der hydrodynamischen Effekte.

Fische haben ein gutes Gedächtnis, leben in sozial komplexen Gemeinschaften,
behalten den Überblick über die Anwesenheit anderer Individuen und können

voneinander lernen, ein Prozess der zur Entwicklung von stabilen kulturellen Traditionen führt. Sie erkennen sich selbst und andere und kooperieren auch miteinander.

Bei Fischen hat die Schwarmbildung eine ähnliche Bedeutung wie bei den Vögeln, weil besonders im Schwarm ein Fisch weniger das Risiko erleidet zur Beute anderer zu werden [48]. Das passiert deswegen, weil die Räuber, beim Anblick eines Fischschwarms, einer Angriffshemmung unterliegen. Sie sind nämlich nur in der Lage, eine bestimmte Anzahl von Beutefischen aufzunehmen. Die Räuber sind also verwirrt mit dem Ergebnis, dass die Gefahr für ein Individuum im Schwarm herabgesetzt ist und die Schwarmtiere so auch mehr Aufmerksamkeit auf andere Dinge lenken können, wie beispielsweise auf die Futtersuche [49]. Außerdem findet ein größerer Fischschwarm schneller eine eher verborgene Futterquelle [50]. Diese Autoren stellten eine bisher wenig beachtete Tatsache fest, dass es ein wichtiger Vorteil für Fische im Schwarm ist, dort effektiver mit unvertrauten Situationen zurechtzukommen. Sozialer Umgang kann Lösungen für wahrgenommene Probleme liefern, die Einzelnen nicht zur Verfügung stehen. Dies kann über zwei Mechanismen geschehen:

Erstens: Die Individuen können Informationen sammeln und so die kollektive Wahrnehmung erhöhen und

Zweitens: der Austausch mit Artgenossen kann erlauben, bestimmten Führern zu folgen, die Experten für bestimmte wichtige Fragen sind und bei individuellen Entscheidungen behilflich sind.

Das Seitenlinienorgan spielt eine große Rolle bei der Schwarmbildung. Wasser strömt durch kleine Poren in der Haut und weiter in kleine Kanäle, die mit Nervenzellen belegt sind. So kann der Fisch Druckschwankungen im Wasser wahrnehmen und darauf unmittelbar reagieren. Das gilt für die meisten der etwa 24.000 Knochenfischarten auf dem Globus [51].

Wie hinreichend nun bekannt ist, erleichtert das kollektive Schwimmen viele ökologische Aufgaben [52] und reduziert die Energiekosten wegen der hydrodynamischen Effekte [53]. Für jeden Fisch im Schwarm gibt es eine bevorzugte Entfernung zum nächsten Nachbar und die beträgt gewöhnlich etwa eine Körperlänge [54]. Diese wird mit den Seitenlinien und mit den Augen gesteuert. Der Köhler *(Pollachius virens)*, oder im Volksmund auch „Seelachs" genannt, kann sogar im geblendeten Zustand noch im Schwarm verbleiben, nur auf seine Seitenlinien vertrauend, aber nun in einem größeren Abstand zu seinen Nachbarn [55]. Andersherum, Köhler mit einem normalen Seevermögen, aber ohne Seitenlinien, können auch im Schwarm verbleiben, sogar in einem geringeren Abstand zu den Nachbarn. Das Schwarmverhalten geben die Köhler erst auf, wenn beide Organe (Seitenlinien und Augen) ausfallen [54]. Es scheint so, dass für eine geschlossene Schwimmformation die Augen die wichtigere Funktion bei der Beibehaltung einer bestimmten Position innerhalb des Schwarms ausüben, währen die Seitenlinien mehr für die Schwimmgeschwindigkeit und -richtung verantwortlich sind [56].

Literatur

1. Krause J, Ruxton GD, Krause S (2010) Swarm intelligence in animals and humans. Trends Ecol Evol 25(1):28–34
2. Nayyar A, Nguyen NG (2018) Introduction to swarm intelligence. In Advances in Swarm Intell Optim Prob Comp Sci. CRC Press, S 53–78 Boca Raton London New York
3. Grassé PP (1984) Termitology. Termite anatomy-physiology-biology-systematics. Bd. II. Colony foundation-construction, Masson Paris
4. Andréen D, Soar R (2022) Termite-inspired metamaterials for flow-active building envelopes. Frontiers in Materials, Masson Paris
5. Garnier S, Gautrais J, Theraulaz G (2007) The biological principles of swarm intelligence. Swarm Intell 1(1):3–31
6. Li X, Clerc M (2019). Swarm Intelligence. In: Gendreau M, Potvin JY (eds) Handbook of Metaheuristics. International Series in Operations Research & Management Science, vol 272. Springer, Cham
7. Reid CR, Latty T (2016) Collective behaviour and swarm intelligence in slime moulds. FEMS Microbiol Rev 40(6):798–806
8. Hölldobler B, Wilson EO (1990) The ants. Harvard University Press, Cambridge, MA
9. Sasaki T, Hölldobler B, Millar JG, Pratt SC (2014) A context-dependent alarm signal in the ant *Temnothorax rugatulus*. J Exp Biol 217:3229–3236
10. Robinson EJH, Green KE, Jenner EA, Holcombe M, Ratnieks FLW (2008) Decay rates of attractive and repellent pheromones in an ant foraging trail network. Insectes Soc 55:246–251
11. Menzel R, Giurfa M (2001) Cognitive architecture of a mini-brain: the honeybee. Trends Cogn Sci 5:62–71
12. Usherwood JR, Stavrou M, Lowe JC, Roskilly K, Wilson AM (2011) Flying in a flock comes at costs in pigeons. Nature 474:494–497
13. Ling H, Mclvor GE, van der Vaart K, Vaughan RT, Thornton A, Ouellette NT (2019) Local interactions and their group-level consequences in flocking jackdaws. Proc R Soc B 286(1906):20190865
14. Davis MJ (1980) The coordinated aerobatics of dunlin flocks. Anim Behav 28:668–673
15. Gillies JA, Bacic M, Yuan FG, Thomas ALR & Taylor GK (2008) Modeling and identification of steppe eagle *(Aquila nipalensis)* dynamics. In Proc AIAA Modeling and Simulation Technologies Conf Paper AIAA-2008–7096
16. Hemelrijk CK, Hildenbrandt H (2011) Some causes of the variable shape of flocks of birds. PLoS ONE 6:e22479
17. Pomeroy H, Heppner F (1992) Structure of turning in airborne rock dove *(Columba livia)* flocks. Auk 109:256–267
18. Tobalske BW (2007) Biomechanics of bird flight. J Exp Biol 210:3135–3146
19. Ros IG, Bassman LC, Badger MA, Pierson AN, Biewener AA (2011) Pigeons steer like helicopters and generate down- and upstroke lift during low speed turns. Proc Natl Acad Sci USA 108(19):990–995
20. Spedding G (2011) The cost of flight in flocks. Nature 474(7352):458–459
21. Lingis A (2007) Chapter two. Understanding avian intelligence. In Knowing animals. Brill, S 43–56
22. Hedenström A, Åkesson S (2017) Flight speed adjustment by three wader species in relation to winds and flock size. Anim Behav 134:209–215
23. Hedenström A, Åkesson S (2016) Ecology of tern flight in relation to wind, topography and aerodynamic theory. Philos Trans R Soc B Biol Sci 371(1704):20150396
24. Weimerskirch H, Martin J, Clerquin Y, Alexandre P, Jiraskova S (2001) Energy saving in flight formation. Nature 413(6857):697–698
25. Nathan A, Barbosa VC (2008) V-like formations in flock of artificial birds. Artif Life 14(2):179–188

26. Cativelli F & Sayed AH (2009) Self-organisation in bird flight formations using diffusing adaption. In 3rd IEEE international workshop on computational advaces in multi-sensor adaptive processing. (CAMSAP). IEEE, S 49–52
27. Hainsworth FR (1987) Precision and dynamics of positioning by Canada geese flying in formation. J Exp Biol 128(1):445–462
28. Lissaman PB, Shollenberger CA (1970) Formation flight of birds. Science 168(3934):1003–1005
29. Heppner FH, Convissar JL, Moonan DE, Anderson JG (1985) Visual angle and formationflight in Canada Geese *(Branta canadensis)*. Auk 102:195–198
30. Kshatriya M, Blake RW (1992) Theoretical model of the optimum flock size of birds flying in formation. J Theor Biol 157(2):135–174
31. Mirzaeinia A, Bradfield,QA, Bradley S, Hassanalian M (2019) Energy saving of Echelon flocking northern bald ibises with variable wingtips spacing: possibility of new swarming for drones. In AIAA Propulsion and Energy 2019 Forum, S 4307
32. Voelkl B, Portugal SJ, Unsöld M, Usherwood JR, Wilson AM, Fritz J (2015) Matching times of leading and following suggest cooperation through direct reciprocity during V-formation flight in ibis. Proc Natl Acad Sci 112(7):2115–2120
33. Anderson JD (2016) Fundamentals of aerodynamics. Tata McGraw-Hill Education, New York
34. Mirzaeinia A, Heppner F, Hassanalian H (2020) An analytical study on leader and follower switching in V-shaped Canada Goose flocks for energy management purposes. Swarm Intell 14:117–141
35. Voelkl B, Fritz J (2017) Relation between travel strategy and social organization of migrating birds with special consideration of formation flight in the northern bald ibis. Philos Trans R Soc Lond B Biol Sci 372:20160235
36. Chowdhury S, Fuller RA, Dingle H, Chapman JW, Zalucki MP (2021) Migration in butterflies: a global overview. Biol Rev 96(4):1462–1483
37. Satterfield DA, Chapman STS, JW, Altitzer S & Marra PP, (2020) Seasonal insect migrations: massive, influential and overlooked. Front Ecol Environ 18:335–344
38. Somveille M, Manica A, Butschart SH, Rodrigues AS (2013) Mapping global diversity patterns for migratory birds. PLoS ONE 8:e70907
39. Brower LP (1995) Understanding and misunderstanding the migration of the monarch butterfly(Nymphalidae) in North America: 1857–1995. J Lepid Soc 49:304–385
40. Talavera G, Bataill C, Benyamini D, Gascoigne-Pees M, Vila R (2018) Round–trip across the Sahara: Afrotropical Painted Lady butterflies recolonize the Mediterranean in early spring. Biol Lett 14:20180274
41. Kennedy JS (1985) Migration, behavioral and ecological Migration: mechanisms and adaptive significance. Contrib Mar Sci Suppl 27:5–26
42. Malcolm SB, Vargas NR, Rowe L, Stevens J, Armagost JE, Johnson AC (2018) Sequential partial migration across monarch generations in Michigan. Anim Migr 5(1):104–114
43. Hu G, Lim KS, Horvitz N, Clar SJ, Reynolds DR, Sapir N, Chapman JW (2016) Mass seasonal bioflows of high-flying insect migrants. Science 354:1584–1587
44. Talavera G, Vila R (2017) Discovery of mass migration and breeding of the painted lady butterfly Vanessa cardui in the Sub-Sahara: the Europe-Africa migration revisited. Biol J Linn Soc 120(2):274–285
45. Shields O (1992) World distribution of the *Vanessa cardui* group *(Nymphalidae)*. 705 J Lepid Soc 46:235–238
46. Stefanescu C, Alarcón M, Àvila A (2007) Migration of the painted lady butterfly, 714 *Vanessa cardui*, to north-eastern Spain is aided by African wind currents. J Anim Ecol 76:888–898
47. Stefanescu C, Páramo F, Åkesson S, Alarcón M, Ávila A, Brereton T, Chapman JW (2013) Multi-generational long-distance migration of insects: studying the painted lady butterfly in the Western Palaearctic. Ecography 36(4):474–486

48. Ward A, Webster M (2016) Sociality: the behaviour of group living animals. Springer International Publishing. https://doi.org/10.1007/978-3-319-28585-6

49. Loannou CC (2017) Swarm intelligence in fish? The difficulty in demonstrating distributed and self-organised collective intelligence in (some) animal groups. Behav Processes 141:141–1451

50. Katsikopoulos KV, King AJ (2010) Swarm intelligence in animal groups: when can a collective out-Perform an expert? PLoS ONE 5(11):e15505

51. Pitcher TJ (1998) Shoaling and schooling in fishes. In: Greenberg G, Hararway MM (Hrsg) Comparative Psychology: a Handbook. Garland, New York, S 748–760

52. Pitcher TJ, Parrish JK (1993) Functions of shoaling behaviour in teleosts. In: Pitcher TJ (Hrsg) Behaviour of Teleost Fishes. Chapman & Hall, London, S 363–427

53. Svendsen JC, Skov J, Bildsoe M, Steffensen JF (2003) Intra-school positional preference and reduced tail beat frequency in trailing positions in schooling roach under experimental conditions. J Fish Biol 62:834–846

54. Partridge BL (1982) The structure and function of fish schools. Sci Am 246:114–123

55. Pitcher TJ, Partridge BL, Wardle CS (1976) A blind fish can school. Science 194:963–965

56. Partridge BL, Pitcher TJ (1980) The sensory basis for fish schools: relative roles of lateral line and vision. J Comp Physiol A 135:315–325

Kapitel 9
Wildtiere als Vorbild für künstliche Intelligenz

Zusammenfassung Schwärme von Vögeln und Fischen, aber auch von Ameisen, Bienen und Fledermäusen, bringen den Menschen vielfältige Inspirationen für die Entwicklung einer künstlichen Intelligenz. In den 90er Jahren haben Schwarmintelligenzalgorithmen, auf der Basis des Funktionierens von Insektenkolonien, großes Interesse bei der Forschergemeinschaft geweckt. Diese tierische Fähigkeit hat die Menschen bei der Entwicklung einer künstlichen Intelligenz bisher am meisten angeregt. Mathematiker wurden auch vom Jagdverhalten von Wolfsrudeln inspiriert, wobei es hier besonders um die Hierarchie innerhalb der Leitwölfe und um ihre Jagdstrategien im Freiland geht.

Die Natur ist großartig und eine riesige Quelle der Inspiration zur Lösung von komplizierten Problemen in der menschlichen Welt. Es gibt bereits sehr bekannte Beispiele in der Natur, wie zum Beispiel Schwarmbildungen von Vögeln und Fischen. Vögel, aber auch Ameisen, Bienen und Fledermäuse, liefern den Menschen vielfältige Inspirationen für die Schwarmintelligenz. Das bedeutet ein kollektives Verhalten von dezentralen und selbstorganisierenden Systemen. In den 90er Jahren haben Schwarmintelligenzalgorithmen, auf der Basis des Funktionierens von Insektenkolonien, großes Interesse bei der Forschergemeinschaft geweckt. Ein Beispiel dazu kommt weiter unten. In den beiden letzten Jahrzehnten wurden einige neue Algorithmen entwickelt, angeregt von den verschiedenen intelligenten Verhalten von natürlichen Schwärmen [1]. Die tierische Fähigkeit der Schwarmintelligenz hat also die Menschen bei der Entwicklung der künstlichen Intelligenz bisher am meisten inspiriert.

   Wie fing alles an? Wissenschaftler [2] entdeckten, dass es eine zentrale Herausforderung für Wildtiere ist, keine Zeit an Orten bei der Futtersuche zu verschwenden, wenn dort sowieso nichts zu holen ist. In der Wildnis ist diese Herausforderung besonders groß, wenn Tiere zwischen Futterquelle und Heimstätte hin- und her pendeln müssen, weil sie dann bestimmt sind, wiederholt dasselbe Gelände zu begehen und so leichter zur Beute von Raubtieren werden können. Noch akuter wird das Problem, wenn es sich um viele Individuen

© Der/die Autor(en), exklusiv lizenziert an Springer-Verlag GmbH, DE, ein Teil von Springer Nature 2023

G. Gellert, *Die Wildnis und wir: Geschichten von Intelligenz, Emotion und Leid im Tierreich*, https://doi.org/10.1007/978-3-662-68031-5_9

handelt, die auf der Futtersuche sind, wie soziale Insekten. Betrachten wir in diesem Fall die Ameisen der Art *Temnothorax albipennis*. Die Futtersuche wird erheblich verbessert, wenn die Bewegungen koordiniert ablaufen, etwa durch die Nutzung bestimmter Bewegungsbahnen und zwar in der Weise, dass anfänglich jede Ameise separate Teile der unbekannten Umgebung absucht. Wie an anderer Stelle bereits beschrieben, kommen dann chemische Markierungen zum Einsatz (sogenannte Pheromone), um den Artgenossen anzuzeigen, wo schon gesucht worden ist. Auf diese Weise kann viel Arbeit und Energie gespart werden (eine Form der indirekten Kommunikation). Würden sich die Ameisen alles merken, wo sie schon gewesen sind, wäre das sicherlich vorteilhaft, aber würde enorme physiologische Kosten verursachen. Ein größeres Gehirn wäre von Nöten und das Ver- und Entschlüsseln von Informationen (Gehirnaktivität) sehr aufwendig. Diese Kosten müssten ins Verhältnis gesetzt werden zu den verbesserten Leistungen bei der Futtersuche [3].

Und jetzt hatte die Natur eine noch bessere Lösung parat: warum die Kosten intern tragen, die eine derartige Gedächtnisleistung verlangt? Einen Weg, diese Kosten zu umgehen wäre, diese Informationen extern in die Umwelt zu verlagern. Auf die Idee, externe Markierungen zu setzen, sind auch schon andere einfache Organismen gekommen, wie zum Beispiel der Schleimpilz *(Physarum polycephalum)*. Schleimpilze nutzen externe räumliche Gedächtnisstützen, um in komplexen Umgebungen zu navigieren. Trifft ein Organismus auf eine ihm bekannte Markierung, weiß er, was er zu tun hat, um seine Kräfte zu sparen [4].

Diesen Ansatz der Natur aufgreifend könnte man mithilfe der künstlichen Intelligenz auf die Lösung von technischen Problemen lenken, beispielsweise wenn es darum geht, effizient Proben zu nehmen bei einer unbekannten Wahrscheinlichkeitsverteilung, beispielsweise mit Hilfe des Markow-Chain-Monte-Carlo-Verfahrens. Dabei wird das Suchverhalten der Ameisen in einen Algorithmus umgesetzt, mit dem Namen „Metropolis–Hastings-Algorithmus". Was mit dieser Methode gemacht werden kann, demonstrierten [5] an einem Beispiel: der Grund warum am 28. Januar 1986 die Raumfähre Challenger explodierte, war auf die Ermüdung des Materials an Dichtungsringen zurückzuführen, hervorgerufen durch ungewöhnlich niedrige Außentemperaturen von 31 K oder -242,1 ^{0}C.

Der Leistungsschub, der das externe Gedächtnis verursacht hat, muss verstanden werden als einen evolutionären Fortschritt im Potenzial der kollektiven Informationsverarbeitung. Dazu zwei wesentliche Erkenntnisse:

Erstens: die Arbeiter der Ameisenart *Temnothorax albipennis* vermeiden in die Fußabdrücke ihrer Artgenossen zu treten, während der Erkundung eines ihnen unbekannten Territoriums. Dieses Verhalten trägt enorm zur Effizienzsteigerung der Lebensraumerforschung bei.

Zweitens: dass auch bei der Entwicklung des Algorithmus für den Zweck des Markow-Chain-Monte-Carlo-Verfahrens eine bioinspirierte Wegnutzungsvermeidungsstrategie eingesetzt wird, die auf ähnliche Weise die Gedächtnisleistung nutzt, wo jemand schon gewesen ist, um schneller eine repräsentative Probenahme zu bekommen.

Diese Vorgabe ist leicht mathematisch umzusetzen. Das Modell hat aber noch das Problem, dass es wie ein ewiges Gedächtnis bei der Nachzeichnung der Ameisenwege funktioniert. In der Realität aber verlieren die Pheromone durch Verdunstung mit der Zeit ihren Geruch und so auch ihre Signalwirkung. Das trifft besonders dort zu, wo die Wege von den Ameisen nicht mehr benutzt werden, sondern sich dorthin bewegen, wo die Pheromone stärker wahrgenommen werden. Die Karte wird folglich für die Ameisen immer neu gezeichnet. Die Natur ist also immer noch einen Schritt weiter als unsere Mathematiker.

Mathematiker wurden auch vom Jagdverhalten von Wolfsrudeln inspiriert, wobei es hier besonders um seine Hierarchie und um seine Jagdmechanismen im Freiland geht. Daraus wurde ein Algorithmus, die sogenannte „Grauer-Wolf-Optimierung" (GWO) entwickelt. Die „GWO" gehört auch zu den Schwarm-intelligenztechniken. In jedem Wolfsrudel gibt es eine soziale Hierarchie, die die Kraft und Herrschaft bestimmt. Der mächtigste Wolf ist der Alfa-Wolf, der das Rudel bei der Jagd, bei Wanderungen und bei der Futtersuche führt. Fehlt der Alpha-Wolf, übernimmt der Beta-Wolf das Kommando. Die Delta- und Omega-Wölfe sind weniger dominant als Alpha- und Beta-Wölfe. Die soziale Intelligenz und das Jagdverhalten sind nun die größten Inspirationsquellen für diesen GWO-Algorithmus. Wenn Wölfe eine Beute jagen, folgen sie einer Reihe von folgenden effizienten Schritten: jagen, umkreisen, belästigen und angreifen. Auf diese Weise können sie auch große Tiere fangen [6]. Der GWO-Algorithmus verwendet dieselben Mechanismen, indem er der Hierarchie für die Organisation der verschiedenen Rollen innerhalb des Wolfsrudels folgt. Im GWO sind die Wolfs-rudelmitglieder in vier Gruppen eingeteilt, so ähnlich wie in der Realität. Die vier Gruppen werden Alpha, Beta, Delta und Omega genannt (so wie die Dominanz-verhältnisse im Wolfsrudel), wobei Alpha die beste Lösungsmöglichkeit darstellt. Der GWO-Algorithmus startet mit einer zufällig gewählten Wolfsverteilung. Danach werden die vier Gruppen und ihre Positionen gebildet und die Abstände zur Beute gemessen. Jeder Wolf stellt ein Kandidat für eine Lösung dar.

Wie sieht nun ein Beispiel für die Anwendung des GWO-Algorithmus aus? Dazu haben [7] folgende Fragestellung bearbeitet: es geht um Probleme bei der Wegplanung von unbemannten Kampfflugzeugen. Dabei wurden auf drei verschiedene Probleme gestoßen. Das Ziel der Anwendung dieses Algorithmus war nun, einen sicheren Reiseweg, unter Vermeidung gefährlicher Gebiete, zu finden und dazu noch die Brennstoffkosten zu senken.

Literatur

1. Duan H, Luo Q (2015) New progresses in swarm intelligence–based computation. Int J Bio-Inspir Com 7(1):26–35
2. Hunt ER, Frank NR, Baddeley RJ (2020) The Bayesian superorganism: externalized memories facilitate distributed sampling. J R Soc Interface 17(167):20190848
3. Fagan WF, Lewis MA (2013) Spatial memory and animal movement. Ecol Lett 16:1316–1329

4. Reid CR, Latty T, Dussutour T, Beekman M (2012) Slime mold uses an externalized spatial 'memory' to navigate in complex environments. Proc Natl Acad Sci USA 109(17):490–494
5. Ch, Robert, Casella G (2010) Introducing monte carlo methods with r, Bd 18. Springer, New York
6. Faris H, Aljarah I, Al-Betar MA, Mirjalili S (2018) Grey wolf optimizer: a review of recent variants and applications. Neural Comput Appl 30:413–435
7. Zhang S, Zhou Y, Li Z, Pan W (2016) Grey wolf optimizer for unmanned combat aerial vehicle path planning. Adv Eng Softw 99:121–136

Kapitel 10
Künstliche Intelligenz für den Wildschutz

Zusammenfassung Die Vereinten Nationen haben die „Künstliche Intelligenz" (KI) als ein Ganzes von fortgeschrittener Technologie definiert, das ermöglicht, Maschinen bestimmte Funktionen der menschlichen Intelligenz nachzuahmen, wie Wahrnehmung, Lernen, Begründen, Problemlösung und kreative Arbeit. KI kann folglich auch zur Verminderung der Meeresverschmutzung, zum Schutz und Wiederherstellung von Ökosystemen, zur nachhaltigen Fischerei, zur Bewahrung von Küstengewässern oder zur Förderung eines nachhaltigen Waldmanagements beitragen.

Künstliche Intelligenz (KI) wird generell als „Verstand" definiert, die durch Computersysteme erzeugt worden ist (sozusagen als Gegenstück zur menschlichen Intelligenz), die ihre Umwelt wahrnehmen, denken, lernen und handeln kann. In diesem Zusammenhang haben die Vereinten Nationen „KI" als ein Ganzes von fortgeschrittener Technologie definiert, das ermöglicht, Maschinen bestimmte Funktionen der menschlichen Intelligenz nachzuahmen, wie etwa Wahrnehmung, Lernen, Begründen, Problemlösung und kreative Arbeit.

Im Jahre 2015 haben die Vereinten Nationen die Agenda 2030 für nachhaltige Entwicklung ausgerufen, eine Blaupause für Frieden und Wohlstand für die Menschen und für diesen Planeten. Diese Agenda enthält 17 nachhaltige Entwicklungsziele, die sich gegen den Klimawandel und dem Schutz der Meere und Wälder in allen Ländern, unabhängig vom derzeitigen ökologischen Zustand, widmen. Folgende Entwicklungsziele sind als wegweisend zu nennen: Verminderung der Meeresverschmutzung, Schutz und Wiederherstellung von Ökosystemen, nachhaltige Fischerei, Bewahrung von Küstengewässern, Förderung eines nachhaltigen Waldmanagements, die weitere Verschlechterung von Böden und von natürlichen Lebensräumen aufhalten, den Artenverlust umkehren, den Tierhandel beenden und die Folgen der Verbreitung von invasiven Arten mildern [1]. Ein schönes Beispiel, was dabei KI in der Lage ist zu leisten, zeigt [2] am Beispiel einer Seuchenbekämpfungsmaßnahme. Es handelt sich um ein Projekt der Firma Microsoft im Jahre 2015 mit einigen Universitäten vor Ort. Es ging um ein

© Der/die Autor(en), exklusiv lizenziert an Springer-Verlag GmbH, DE, ein Teil von Springer Nature 2023

G. Gellert, *Die Wildnis und wir: Geschichten von Intelligenz, Emotion und Leid im Tierreich*, https://doi.org/10.1007/978-3-662-68031-5_10

Frühwarnsystem für Infektionskrankheiten, wie Ebola oder Zika. Die Grundidee dabei war, Moskitos als Blutsauger zu verwenden, sozusagen als „Probenehmer,“ zur Datenerhebung. Das Ganze geschah in drei Schritten: zu Beginn flogen Drohnen, um punktgenau Moskito-Hotspots zu lokalisieren. Intelligente Roboterfallen, die in der Lage waren über Versuch und Irrtum zu lernen, wurden dann losgeschickt, um Proben von Moskitos zu sammeln, sie dann zu klassifizieren und zu sortieren. Schließlich wurde über die DNA-Sequenzierung der Moskitos (Bestimmung der Basenreihenfolge im Erbgut) sowohl die gebissenen Tiere als auch die Krankheitserreger identifiziert. Diese Methode eröffnet neue Wege, Krankheiten bei Menschen und Wildtieren vorherzusagen und so zu verhindern. Dieses Verfahren hat aber auch großes Potenzial, die Artenvielfalt abzubilden und den ökologischen Zustand von Ökosystemen zu bewerten.

Die künstliche Intelligenz (KI) muss daher in Zukunft eine bedeutende Rolle bei der Bewahrung der Natur und der Wildtiere spielen. KI kann tatsächlich helfen, besser die Effekte des Klimawandels auf die Artenvielfalt zu verstehen und Voraussagen machen, welche Arten besonders gefährdet sind [3]. KI kann auch dafür eigesetzt werden, einzelne Tiere zu identifizieren und zu überwachen, um wertvolle Informationen für Naturschutzbestrebungen zu bekommen. KI könnte auch dabei helfen, illegale Aktivitäten, wie das Abholzen oder die Wilderei aufzudecken und auch zu verhindern. KI hat ein großes Potenzial im Umweltschutz. Ein solches Beispiel der Nutzung zeigt die Überwachung der Chesapeake Bay in den USA. Mit dieser Technik ist es möglich, ultrafeine Bildanalysen zu ermöglichen, sodass ein Gebiet viel genauer kartiert werden kann was es leichter macht, es mit seiner Artenvielfalt zu überwachen [4].

Ein anderes Beispiel ist die Zusammenarbeit zwischen einem Softwarehersteller und Umweltschutzbehörden, um alle Meerestierarten zu erfassen. Das könnte helfen herauszufinden, welche Gebiete noch von den Menschen genutzt werden könnten, ohne das Ökosystem selbst in Gefahr zu bringen [5]. Dazu wird ein mittels der Akustik gesteuerter leiser Fischroboter eingesetzt. Der Einsatz von Robotern im Ozean kann im Übrigen auch dazu genutzt werden, ihn weiträumig zu säubern, beispielsweise von Plastikmüll [6]. KI wird auch eingesetzt um die terrestrische Biodiversität zu überwachen. Die Universität von Southern California hat ein Projekt ins Leben gerufen, mit dem Namen „Protection Assistant for Wildlife Security" (Schutzassistent für die Sicherheit von Wildtieren). Dieses Projekt nutzt KI um vorauszusagen wo und wann Wilderer wahrscheinlich zuschlagen werden [7]. KI kann auch dazu genutzt werden um zu helfen, Natur in Gebieten wiederherzustellen, die durch menschliche Aktivität zerstört worden ist. In Massachusetts (USA) wurde ein Gebiet durch die Produktion von Preiselbeeren zerstört. Forscher setzen bei der Rekultivierung nun Richtmikrophone unter dem Einsatz von KI ein, um die Wechselbeziehungen zwischen Arten zu bestimmen und um auf diese Weise die Effektivität der Renaturierungsmaßnahmen zu beurteilen [8].

Literatur

1. Isabelle DA, Westerlund M (2022) A review and categorization of artificial intelligence-based opportunities in wildlife, ocean and land conservation. Sustainability 14(4):1979
2. Dauvergne P (2020) AI in the wild: sustainability in the age of artificial intelligence. MIT Press. Cambridge
3. Pachot A & Patissier C (2022) Towards sustainable artificial intelligence: an overview of environmental protection uses and issues. arXiv preprint arXiv, 2212.11738
4. Joppa LN (2017) The case for technology investments in the environment. Nature Publishing Group, Cambridge
5. Katzschmann RK, DelPreto J, MacCurdy R & Rus D (2018) Exploration of underwater life with an acoustically controlled soft robotic fish. Sci Robot 3(16):eaar3449
6. Van Giezen A, Wiegmans B (2020) Spoilt – Ocean Cleanup: alternative logistics chains to accommodate plastic waste recycling: An economic evaluation. Transp Res Interdiscip Perspect 5:100115
7. Fang F, Nguyen TH, Pickles R, Lam WY, Clements GR, An B, Singh A, Tambe M & Lemieux A (2016) Deploying PAWS: Field optimization of the protection assistant for wildlife security. Twenty-eighth innovative applications of artificial intelligence conference. Proceedings of the Twenty-Eighth AAAI Conference on Innovative Applications (IAAI-16)
8. Duhart C, Russell S, Michaud F, Dublon G, Mayton B, Davenport G, Paradiso J (2020) Deep learning for environmental sensing toward social wildlife database

Kapitel 11
Soziales Lernen und Kultur

Zusammenfassung Lernen und Kultur gehören zusammen. Deswegen betrifft diese Errungenschaft nur Tierarten, die lange genug leben, um von anderen Artgenossen Wissen übermittelt zu bekommen. Diese Einflüsse sind so mächtig, dass sie effektiv geistige Prozesse bündeln können, sozusagen zu einer zweiten Natur für das Tier werden. Kultur ist das Ergebnis eines Lernprozesses. Sie wird nicht genetisch weitergegeben und es ist auch keine Anpassung an eine neue Umgebung, sondern sie wird erlernt von Gruppenmitgliedern. Es gibt viele Beispiele von „Kultur" bei den Primaten, aber auch bei anderen Tierarten wie bei Walen oder Fischen. Neueste Untersuchungen schließen auch die Invertebraten mit ein, wie am Beispiel der Hummel gezeigt wird.

Mit der sozialen Intelligenz ist auch das soziale Lernen verbunden. Soziales Lernen ist definiert als Lernen oder Verhaltensanpassung, das beeinflusst wird durch Beobachtung oder von anderen Artgenossen gelehrt wird [1]. Ähnlich denken andere Forscher [2]. Das Wesen des sozialen Lernens ist, wenn Informationen von einem Individuum zum nächsten fließen, entweder durch Beobachtungen oder durch soziale Interaktionen. Das kann zu einem Transfer an Informationen über mehrere Generationen gehen und mündet schließlich in kulturellen Traditionen. Zum Beispiel konnte aufgezogenen Lachsen (*Salmo salar*) beigebracht werden, lebende Beute zu erkennen, indem sie mit Artgenossen zusammengebracht worden sind, die diese Beute bereits kannten. Die zunächst „dummen" Beobachter lernten nicht nur die Beute zu erkennen, sondern auch wo sie zu finden ist [3]. Einer Gruppe von Guppys (*Poecilia reticulata*) wurde beigebracht, besondere Wege bei der Futtersuche zu nutzen. In diesem Fall wurde einem Fischschwarm durch Instruktoren beigebracht, durch eine bestimmte Tür zu schwimmen. Schrittweise wurde ein Instruktor gegen einen naiven Fisch (Beobachter) ausgetauscht. Das ging so weiter, bis alle Instruktoren ausgetauscht waren und die früheren „naiven" Beobachter alleine weiter den ursprünglichen Weg zum Futterplatz aufsuchten, und zwar erfolgreich, weil sie es durch Vorbilder

© Der/die Autor(en), exklusiv lizenziert an Springer-Verlag GmbH, DE, ein Teil von Springer Nature 2023

G. Gellert, *Die Wildnis und wir: Geschichten von Intelligenz, Emotion und Leid im Tierreich*, https://doi.org/10.1007/978-3-662-68031-5_11

gelernt haben [4]. In manchen Fällen kann aber die Tradition in der Abwesenheit von Instruktoren zusammenbrechen und das kann zu einem rapiden Verlust an sozialer Tradition führen.

Guppys können sich bis zu 15 verschiedene Artgenossen merken [5]. Wenn sich die Möglichkeit ergibt, wählen Guppys lieber verwandte Individuen zur Schwarmbildung aus als Fremde [6]. Schwärme, die aus Familienmitgliedern zusammengesetzt sind, sind besser bei der Vermeidung von Begegnungen mit Raubfischen als Gruppen, die sich untereinander vollkommen fremd sind [7]. Soziales Lernen wird folglich eher in Gruppen mit Familienmitgliedern gefördert.

Die „kulturelle Intelligenz-Hypothese" behauptet, dass Kultur soziales (oder geistiges) Lernen von besonderen Fähigkeiten beinhaltet, die die Entwicklung der allgemeinen Intelligenz und die Gehirngröße fördert. Die kulturelle Intelligenz-Hypothese kann interpretiert werden als eine besondere Version oder Erweiterung der geistigen Vielschichtigkeitshypothese, weil es nachhaltige geistige Auseinandersetzungen erfordert, zumindest während der frühen Ontogenese (Lebensspanne). Die Entwicklung einer Kultur ist wahrscheinlich nur bei Arten anzutreffen, die eine ausgedehnte Entwicklung durchgemacht, ein langes Leben haben und sozial tolerant sind. Soziale Einflüsse sind so mächtig, dass sie effektiv geistige Prozesse bündeln können, sozusagen zu einer zweiten Natur für das Tier werden [8].

Kulturen sind auch sprachlich verschlüsselte Phänomene, vermittelt innerhalb einer Population durch Lehren oder Imitieren. Bei welchen Tieren kann man nun von einer Kultur sprechen? Die Antwort, die viele überraschen wird ist, dass es natürlich der Mensch ist und eine Handvoll von Arten bei den Vögeln, zwei bei den Walarten und zwei Arten bei den Fischen [9]. Bei Primaten ist das wissenschaftlich noch nicht endgültig geklärt, ob ihre „Kulturen" tatsächlich gemeinschaftlich gelernt sind. Es gibt bei ihnen weder ein gruppentypisches Verhaltensmuster (unterstützt durch soziales Lernen) noch ein Beweis, dass die Primatenarten besonders in der Lage zum sozialen Lernen sind, was ein starker Beweis für Kultur wäre [9]. Die Gehirngröße spielt offensichtlich bei der Errungenschaft einer Kultur einmal wieder keine besondere Rolle. Es gibt aber auch andere Sichtweisen, etwa von [10], die davon ausgehen, dass wilde Schimpansen doch ein breites kulturelles Repertoire haben. Die Grundlage dafür liegt bei diesen Forschern dann doch im sozialen Lernen, das zur Übernahme von kulturellen Spuren führt und zur kollektiven Bedeutung von kommunikativen Merkmalen.

Es ist generell anzunehmen, dass soziales Lernen vorteilhaft ist, weil naive Individuen von sachkundigeren Individuen schnell und effizient Anpassungsverhalten erwerben können [11].

Folgendes Beispiel zum besseren Verständnis des sozialen Lernens: einige Individuen der Population A wurden in die Population B übersiedelt (idealerweise in einem prägenden Entwicklungsstadium). Die Beobachtung zeigte nun, dass die neu eingeführten Individuen der Population A die Verhaltensweisen der Gastgebergruppe B annahmen. Das bedeutet, dass es beim Verhalten keine genetischen Unterschiede zwischen den Populationen A und B gab. Die Anpassung der Verhaltensweisen einiger Mitglieder der Population A in der Population B war eine reine Form des Lernens.

Dazu noch ein zweites Beispiel: die Umgebungen der Populationen A und B werden getauscht, Population A geht in das Gebiet von B und Population B geht in das Gebiet von A. Wenn jetzt die Population A in der Umgebung von Population B dieselben Verhaltensmuster an den Tag legt, wie die Population B in ihrer alten Wirkungsstätte, könnte man zu dem Schluss kommen, dass es Anpassungsformen an die neue Umgebung sind und deshalb die Fortsetzung ihrer alten Kultur nicht mehr in Betracht kam. Wenn aber die Population A in der neuen Umgebung der Population B ein gruppentypisches Verhalten zeigt, dass die Population B bisher nicht kannte, kann diese Beobachtung nicht in Einklang gebracht werden mit ökologischen Unterschieden zwischen den Lebensräumen von A und B, aber in Einklang mit ihrer Kultur gebracht werden, die die Population A in die alte Umgebung von B mitgebracht hat.

Kultur ist hier die Teilung von Bedeutung innerhalb einer Gruppe. Kultur ist das Ergebnis eines Lernprozesses. Sie wird erlernt von Gruppenmitgliedern. Sie wird nicht genetisch weitergegeben und es ist keine Anpassung an eine neue Umgebung.

Über die Kultur bei Primaten nachzudenken hat viel mit „Imo" zu tun, ein junges Makaken-Weibchen *(Macaca)*, die in ihrer Gruppe das Waschen von Kartoffeln einführte.

In Jahr 1973 listete van Lawick-Goodall [12] 13 verschiedene Nutzungen von Werkzeugen und 8 verschieden soziale Verhaltensweisen bei Makaken auf. Eine besondere Auffälligkeit war das Nussknacken. Bei dieser Tätigkeit konnte man am besten kulturelle Unterschiede ausmachen. Kulturelle Kreativität zeigt sich durch Innovationen. Im Jahre 1990 wurde zum ersten Mal beobachtet, dass ein Individuum einer Schimpansen-Kolonie in Guinea-Bissau, die seit 1979 unter Beobachtung stand, mit einer Keule auf die Ölbaumspitze hämmerte, um an die an der Spitze gelegenen Knospe zu gelangen. In den folgenden drei Jahren ging dieses Verhalten auf acht von sechszehn Mitglieder dieser Kolonie über.

Anderes Beispiel: In einer Kolonie hat ein adultes Weibchen zum ersten Mal auf das Mark von jungen Palmölblättern herumgekaut. Dieses Verhalten ist in den 19 Jahren zuvor nie beobachtet worden. In den folgenden Tagen wurde dieses Verhalten schon bei vier weiteren Schimpansen notiert. Das beobachtende Lernen war die Grundlage dafür.

Derartige Beobachtungen unterstreichen, dass Innovationen ein regelmäßiges Ereignis bei Schimpansen sind. Es gibt Schimpansen-Kolonien, die im Durchschnitt zwei neue Verhaltensmuster pro Jahr entwickeln. Eine beobachtete Schimpansen-Kolonie teilte sich in drei verschieden Gruppen auf. Die drei getrennten Gruppen wurden weiter beobachtet. Im Laufe der Zeit entwickelten sich bei allen drei Kolonien Verhaltensmuster, die sich voneinander unterschieden. Allen drei Gruppen gleich blieben die Art Nüsse zu knacken, Ameisen aufzusammeln mit kurzen Stöcken, hartes Futter an Baumstämmen hämmern, einen langsamen und leisen Regentanz aufführen bevor es anfängt zu regnen und Parasiten auf dem Unterarm zu zerquetschen. Die Unterschiede zwischen der Nord- und der Südgruppe wurden nachstehend aufgelistet. Zunächst gab es in beiden Gruppen zwölf gleiche Verhaltensweisen. In drei Jahren konnten nur noch fünf gemeinsame Verhaltensmerkmale in der Nord- und der Südgruppe ausgemacht werden. Beide Gruppen unterschieden sich zum Beispiel nun in der Art, wie sie hartschalige Früchte der Art *Strychnos aculeata* (Gewöhnliche Brechnuss) nutzten. Die Süd-Schimpansen aßen das Fruchtfleisch nur noch, wenn es frisch und weiß war, wohingegen die Nord-Schimpansen warteten, bis das Fruchtfleisch nahezu verrottet war, um die darin eingelagerten Fruchtkerne zu essen. Schließlich aßen die Nord-Schimpansen die geflügelte Form einer Termitenart liebend gern, während die Süd-Schimpansen sie verachteten. Unterschiede gab es auch in der Kommunikation. Die Nord-Schimpansen bildeten Bodennester, um sich darauf auszuruhen. Den Süd-Schimpansen dienten Bodennester als Spielplatz. Alle diese Beobachtungen stammen von [10].

Es gibt aber auch Beispiele von „Kultur" bei anderen Tierarten außer den Primaten. Populationen der Korallenfischart *Thalassoma bifasciatum* (Blaukopf-Junker) tauschten ihre heimische Umgebung. Dies hatte zur Folge, dass die Population in ihrer neuen Umgebung nicht mehr die Paarungsstätten akzeptierte, die die Population davor noch bevorzugte. Fische waren bisher nicht bekannt für ihre Intelligenz und Fertigkeit (siehe Kap. 1). Eine Vielzahl von Fischarten ist in der Lage, soziales Verhalten, die Suche nach Futter, die Vermeidung der Begegnung mit Räubern zu lernen und auch, mit welchen Fischen zu paaren ist. Soziales Lernen spielt bei Fischen in vier Punkten eine Rolle:

Erstens: Verhalten gegenüber Fressfeinden. Das richtige Verhalten zu lernen ist eine riskante Angelegenheit, und es gibt wenig Spielraum für Fehler und wenige Gelegenheiten für ausreichendes Training. Die Nutzung von gesellschaftlich übermittelnden Informationen erlauben Individuen Antworten auf Bedrohungen zu geben, ohne selbst die Bedrohung wahrzunehmen. Fische sind gut ausgestattet, schnell bereit Informationen durch ihre Augen und dem Seitenliniensystem aufzunehmen. Derartige Informationen gehen schneller durch einen Schwarm als sich ein Raubfisch nähern könnte. Dieses Verhalten an sich gehört aber noch nicht zum sozialen Lernen. Im Laufe der Zeit lernen junge und unerfahrene Individuen Raubfische zu identifizieren und erwerben geeignete Gegenmaßnahmen [3]. Schwarmmitglieder sind in der Lage, Entscheidungen in bedrohlicher Lage durch Verhaltensänderungen von Schwarmkameraden zu treffen. Die Schreckreaktion erfolgt auf ein optisches Signal. Es gibt aber auch Fischarten, die eine Alarmsubstanz freigeben. Derzeit wird darüber spekuliert, ob bestimmte Individuen eines Schwarms eine Führungsrolle bei Gefahrensituationen einnehmen, so genannte „Schwarmführer". Dazu wurde folgender Versuch gemacht: „naive" Fische wurden in drei Becken verteilt, jedes Becken war mit einer Raubfischattrappe ausgestattet. In ersten und im zweiten Becken wurden Schwarmführer eingesetzt, wobei im ersten Becken der Fluchtweg A und im zweiten Becken der Fluchtweg B von den engagierten „Schwarmführer" genommen werden sollte. Beide Gruppen hielten sich vertrauensvoll an ihren „Schwarmführern" und fanden den Fluchtweg häufiger als die Kontrollgruppe im dritten Becken, die ohne „Schwarmführer" unterwegs war.

Zweitens: Wanderung und Bewegung. Eine der elegantesten Demonstrationen zum sozialen Lernen von Fischen kommt von [13]. Sie entdeckten, dass Korallenfische der Art *Heamulon flavolineatum* (Französischer Grunzer) täglich ihre Wanderung zu den Futterplätzen machten. Bei diesen Gruppen erschien es als nicht zufällig, dass junge Fische derselben Art sich dem Schwarm anschlossen, um auf diese Weise die Routen kennenzulernen.

Drittens: Futtersuche. Das Verhalten bei der Futtersuche geschieht oft so, dass der Finder wie ein Fingerzeig für den Rest des Schwarmes fungiert. Fischgruppen finden Futter leichter als einzelne Individuen. Die Wahrscheinlichkeit Futter zu finden hängt von der Größe des Schwarms ab. Schließlich ist es experimentell nachgewiesen, dass die Fische neue Nahrungssuchverhalten erlernen können durch Beobachtungen anderer Artgenossen. [14] entdeckte bei juvenilen Seebarschen *(Dicentrarchus labrax)* während eines Versuchs, wie sie durch Beobachtung von qualifizierten „Vorführern" der gleichen Art lernten, Futter durch Drücken eines Hebels zu bekommen.

Viertens: Partnerwahl. Soziale Faktoren spielen eine Rolle bei der Partnerwahl. Sie geschieht nicht nur triebgesteuert. Dazu ein Beispiel mit Guppys *(Poecilia reticulata)* nach [15]: ein Männchen wird an jeweils einem Enden eines Aquariums gehalten, wobei einem Männchen noch zusätzlich ein Weibchen zur Seite gestellt wird. Nun wir ein zweites Weibchen in der Mitte des Aquariums platziert. Dieses bemerkt zunächst das einsame Männchen auf der einen Seite und dann auf der anderen Seite das Männchen in weiblicher Begleitung. Dann wird die weibliche Begleitung von diesem Männchen weggenommen und das Weibchen in der Mitte soll sich nun für eines der Männchen entscheiden. Sie entscheidet sich immer wieder für das Männchen, das in weiblicher Begleitung war. Offensichtlich nutzt das Weibchen die Gegenwart des anderen Weibchens sozusagen als „Qualitätsmerkmal" und neigte zur selben Partnerwahl.

Neueste Untersuchungen in Sachen „soziales Lernen" schließen neuerdings auch die Invertebraten mit ein, wie ein Beispiel mit Hummeln *(Bombus)* [16] zeigt. Hummeln sind sehr soziale Tiere mit vielen Mitstreitern auf Futtersuche und mit Nestaufgaben in einer Kolonie betraut. Die Koloniegröße ist mit etwa 100 Arbeitern relativ klein, sodass der Informationsfluss über gute Futterquellen nicht sehr groß sein kann. Darum wäre es praktisch, wenn Hummeln auf Informationen von anderen Arten, wie zum Beispiel von Bienen, zurückgreifen könnten. Tatsächlich ist es so, dass wenn Hummeln Bienen beobachten, die mit grünen Blüten beschäftigt sind, selber häufiger auf grüne Blüten landeten. Das beweist, dass Hummeln die Wahl der Blüten ändern können, wenn es dafür sogar artfremde Vorbilder gibt.

Derzeit taucht ein zwingendes Argument auf, dass auch einige Walarten „Kultur" zeigen, die von einer Population geteilt wird, die von Artgenossen durch eine Art des „sozialen Lernens" angeeignet worden ist [17].

Kultur hat einen weitverbreitenden generationsübergreifenden Effekt auf das Verhalten und deshalb auch auf das Erscheinungsbild und auf die Populationsbiologie. So wie bei Genen, ist es auch ein Vererbungssystem und beeinflusst die Stammesgeschichte [18]. Der Nachweis für Kultur bei Walen schließt

experimentelle Studien mit ein und zeigt, dass sie anspruchsvolle gesellschaftliche Lernfähigkeiten haben, einschließlich der bewegungs- und stimmliche
Nachahmungsfähigkeiten. Es gibt auch empirische Nachweise, dass Schwertwale
(Orcinus orca) imitieren und lehren, insbesondere die komplexen und unveränder-
lichen Rufdialekte und Techniken oder Strategien bei der Futtersuche, oder das
Lied der männlichen Buckelwale *(Megaptera novaeangliae)* über Brutgebiete,
wo alle Männchen das gleiche Lied singen, das sich über Monate und Jahre entwickelt hat [19]. Sich überschneidende Gruppen innerhalb einer bestimmten Wal-
population können auch verschiedene kulturelle Merkmale zeigen.

Zum Beispiel, in Shark Bay (Westaustralien) gibt es innerhalb einer
Population von Zahnwalen *(Odontoceti),* mindestens vier nahrungssuchende
Spezialisierungen, wobei einige davon wahrscheinlich von der Mutter
zum Kalb übertragen worden sind. Auch das Tragen von Schwämmen als
„Schnauzenschoner" soll eine Kulturerscheinung sein [20].

Interessanterweise gibt es auch Kooperationen zwischen Delfinen und Fischern.
Dies kann nach Beobachtung an der brasilianischen Küste auf zwei Weisen
geschehen. Die Initiative kann von den Delfinen aber auch von den Fischern ausgehen. Beim Landfischfang sieht das so aus, dass Delfine Fischschwärme ins
flachere Wasser treiben, sozusagen als Fischfangstrategie. Im offenen Wasser bei
der Stellnetzstrategie sieht die Sache anders aus. Die Interaktion beginnt, wenn
Delfine ein Fischschwarm in das flachere Wasser treiben. Die Fischer stehen Seite
an Seite im Strandbereich und warten auf ein Zeichen der Delfine, die Netze aus-
zuwerfen. Wo liegt nun der Vorteil bei den Delfinen? Durch das Werfen der Netze
wird der Fischschwarm in mehrere Teile getrennt, was die Jagd für sie einfacher
macht [21].

Populationen von Schwertwalen an der Westküste von Kanada haben verschiedene hierarchische Abteilungen, und vieles von diesen Strukturen spricht für
kulturelle Erscheinungen. Die erste Abteilung befindet sich zwischen den orts-
ansässigen und den durchreisenden Schwertwalen. Diese Gebiete überschneiden
sich, zeigen aber Unterschiede in der Art des Fressens, Lautäußerungen, soziale
Systeme, Erscheinungsformen und in der genetischen Ausstattung. Es mag sich
möglicherweise um neuentstehende Arten handeln, auch wenn die beginnende
Teilung zwischen ihnen zunächst nur kulturell Art ist [22].

Inzwischen wird sogar behauptet, dass bei den Schwertwalen die komplexen
und stabilen Verhaltensweisen (auch was die Lautäußerungen angeht) Kultur-
formen sind. Es wird sogar vermutet, dass diese Kultur weiter fortgeschritten ist,
als das was Schimpansen an kulturelle Errungenschaften zeigen [17]. Bei Pottwalen kommt man zu ähnlichen Ergebnissen wie bei den Schwertwalen [19].

Diese große, tief tauchende, Klick-Laute produzierenden Wale teilen ihr Verbreitungsgebiet mit einigen Tausend anderen Artgenossen. Sie bilden mit den
Weibchen und dem Nachwuchs Gruppen von etwa 20 bis 30 Individuen, die durch
die Gegend reisen und ihre Aktivitäten koordinieren. Diese Gruppen bestehen aus
zwei oder mehr soziale Einheiten, in denen die Mitglieder über Jahre zusammen-
arbeiten.

Bestimmte Cliquen von Pottwalen verfügen über ein sehr ähnliches Repertoire an Klick-Lauten. Auch das kann als kulturelle Variation betrachtet werden [19]. Obwohl einige Taktiken bei der Nahrungssuche wahrscheinlich individuell erlernt worden sind, sind die meisten Techniken offensichtlich sozial erlernt, vor allem durch die Mutter [23]. Dazu gehört die Nachahmung, die soziale Förderung und lokale Anreize für Verbesserungen. Beim sozialen Lernen ist die Futtersuche klar beteiligt. Die Futtersuche ist ein guter Zugang, um zum Beispiel das soziale Lernen von Tümmlern (Delfinart) zu erwerben. Es gibt mindestens vier Futtersuche-Strategien, die als „traditionell" gelten, und generationsweise weiter gereicht werden. Da wäre zunächst das bereits erwähnte „Schwammtragen", die einzige Form der Werkzeugnutzung beim Großen Tümmler oder bei Walfischen, die im Alter zwischen zwei und vier Jahren auftritt und nur bei Kälbern von Müttern angewendet wird, die auch diese Technik beherrschen [23]. Diese exklusive Spezialisierung tauchte nur bei weniger als 10 % der weiblichen Bevölkerung auf. Das „Schwammtragen" umfasst das Aufsuchen und das Abreißen von kegelförmig geformten Schwämmen vom Meeresboden. Dieser Schwamm wird am Schnabel befestigt, um Fische auf dem Gewässergrund aufzustöbern. Allerdings sind die „Schwammträger" mehr unter sich (wie eine Clique), haben eine größere Zugehörigkeit und eine stärkere Bindung zueinander als „Nicht-Schwammträger". Diese Beobachtung ist deswegen bemerkenswert, weil „Schwammträger" eher Einzelgänger sind und eigentlich eine schwächere Beziehung zu anderen haben (wie Delfine) als „Nicht-Schwammträger". Interessanterweise scheint das gegenseitige Interesse von „Schwammträgern" die Eigenschaft ihrer sozialen Beziehung zu beeinflussen. Das ist ein Zeichen von Kultur, weil es zeigt, dass ein vertikal weitergegebenes Verhalten (von den Eltern auf das Kind) auch dazu dient, einer kooperative Gruppenfunktion zu dienen. Bei den männlichen Delfinen ist diese Art der Beziehung weniger ausgeprägt [24].

Literatur

1. Heyes CM (1994) Social learning in animals: categories and mechanisms. Biol Rev 69(2):207–231
2. Brown C (2015) Fish intelligence, sentience and ethics. Anim Cogn 18:1–17
3. Brown C, Laland K (2002) Social enhancement and social inhibition of foraging behaviour in hatcheryreared Atlantic salmon. J Fish Biol 61:987–998
4. Laland KN, Williams K (1997) Shoaling generates social learning of foraging information in guppies. Anim Behav 53:1161–1169
5. Griffiths SW, Magurran AE (1997) Familiarity in schooling fish; how long does it take to acquire. Anim Behav 53:945–949
6. Magurran AE, Seghers BH, Shaw PW, Carvalho GR (1994) Schooling preferences for familiar fish in the guppy, Poecilia reticulata. J Fish Biol 45:401–406
7. Chivers DP, Brown GE, Smith RJF (1995) Familiarity and shoal cohesion in fathead minnows (Pimephales promelas)-implications for antipredator behavior. Can J Zool 73:955–960

8. Burkart JM, Schubiger M, van Schaik CP (2016) The evolution of general intelligence. Behav Brain Sci 6:1–65
9. Laland KN, Hoppitt W (2003) Do animals have culture? Evolutionary anthropology: issues, news, and reviews 12(3):150–159
10. Boesch C (2003) Is culture a golden barrier between human and chimpanzee? Evolutionary Anthropology: Issues, News, and Reviews: Issues, News, and Reviews 12(2):82–91
11. Boyd R, Richerson PJ (1985) Culture and evolutionary process. Chicago University Press, Chicago
12. van Lawick-Goodall J (1973) The behavior of chimpanzees in their natural habitat. Am J Psychiatry 130(1):1–12
13. Helfman GS, Schultz E (1984) Social transmission of behavioural traditions in a coral reef fish. Anim Behav 32(2):379–384
14. Anthouard M (1987) A study of social transmission in juvenile *Dichentrarchus labrax* in an operant-conditioning situation. Behaviour 103:266–275
15. Dugatkin LA (1992) Sexual selection and imitation: females copy the mate choice of others. Am Nat 139:1384–1489
16. Worden BD, Papaj DR (2005) Flower choice copying in bumblebees. Biol Lett 1(4):504–507
17. Rendall L, Whitehead H (2001) Culture in whales and dolphins. Behav Brain Sci 24:309–324
18. Whitehead H, Rendall L, Osbourne RW, Wursig B (2004) Culture and conservation of non-humans with reference to whales and dolphins: review and new direction. J Biol Conserv 120:431–441
19. Whitehead H (2003) Sperm whales: social evolution in the ocean. University of Chicago Press, USA
20. Krutzen M, Barre LM, Connor R, Mann J, Sherwin WB (2004) Oh father: where art thou? Paternity assessment in an open fission–fusion society of wild bottlenose dolphins (*Tursiops* sp.) in Shark Bay. Western Australia. Mol Ecol 13:1975–1990
21. Santos ML, Lemos VM & Vieira JP (2018) No mullet, no gain: cooperation between dolphins and cast net fishermen in southern Brazil. Zoologia (Curitiba) 35
22. Baird RW (2000) The killer whale—foraging specialisations and group hunting. In: Mann J, Connor RC, Tyack P, Whitehead H (Hrsg) Cetacean Societies. University of Chicago Press, Chicago, S 127–153
23. Mann J & Sargeant B (2003) Like mother, like calf: the ontogeny of foreaging traditions in Wild Indian Ocean botllenose dolphins *(Tursiops sp.)* The Biology of Traditions: Models and Evidence 236–266
24. Mann J, Stanton MA, Patterson EM, Bienenstock EJ, Singh LO (2012) Social networks reveal cultural behaviour in tool-using dolphins. Nat Commun 3(1):1–8

Kapitel 12
Strafen unter Wildtieren

Zusammenfassung Große menschliche Gemeinschaften können nur funktionieren, wenn gebrochene soziale Regeln sanktionierte werden. Das ist im Tierreich nicht anders. Beispielsweise können Strafen bei Tieren, etwa zur Beendigung eines potenziellen einseitigen Profits, den Egoismus eingrenzen. Um eine stabile kooperative Vereinbarung zu treffen, müssen die teilnehmenden Individuen diesen Konflikt in der Weise lösen, dass jedes Mitglied lieber weiter den Umgang miteinander pflegt. Zur Stabilität einer Gemeinschaft gehört auch eine Hierarchie. Dabei ist es wichtig, effektive Drohungen einzusetzen um niedrig-rangige Individuen von einer „Palastrevolution" abzuhalten. Hierarchien reduzieren nämlich die Konfliktkosten sehr präzise und werden durch Drohungen stabilisiert.

Ein Außerirdischer, der das menschliche Verhalten beobachtet, würde einige Zeit brauchen um zu verstehen, dass unser Umgang miteinander in hohem Maße auf versteckte Strafen beruht [1]. Dieser Strafkatalog dient dazu, Recht und Ordnung aufrecht zu halten, während Androhungen von sozialen Strafen, wie zum Beispiel Ausgrenzung oder Kritik, das Einhalten von sozialen Normen fördern sollen [2]. Aber ein außerirdischer Beobachter hätte Probleme, diese Drohungen zu identifizieren, weil Bestrafungen nur ausgelöst werden, wenn zuvor die sozialen Regeln gebrochen worden sind. Wie steht es nun damit bei den Wildtieren? Gibt es Hinweise darauf, dass es versteckte Drohungen auch bei der Ausübung des Sozialverhaltens von Wildtieren gibt? Strafen bei Tieren zur Beendigung eines potenziellen einseitigen Profits könnte nämlich den Egoismus eingrenzen [3]. Konflikte entstehen oft dadurch, dass jedes Individuum sich selbst dazu auserwählt hat, seinen Anteil aus einer gewinnbringenden Zusammenarbeit zu maximieren, das aber häufig auf Kosten der Sozialpartner geschieht. Um eine stabile kooperative Vereinbarung zu treffen, müssen die teilnehmenden Individuen diesen Konflikt in der Weise lösen, dass jedes Mitglied lieber weiter den Umgang miteinander pflegt als die Gruppe zu verlassen, oder den Kontrahenten zu vertreiben versucht oder es vielleicht sogar zu töten [4]. Folglich können Drohungen zur Beendigung einer kooperativen Handlung den Egoismus innerhalb einer Gruppe beschränken, wenn

© Der/die Autor(en), exklusiv lizenziert an Springer-Verlag GmbH, DE, ein Teil von Springer Nature 2023

G. Gellert, *Die Wildnis und wir: Geschichten von Intelligenz, Emotion und Leid im Tierreich*, https://doi.org/10.1007/978-3-662-68031-5_12

sie effektiv sind, und können so die Auflösung eines möglich erfolgreichen Verbundes verhindern.

Wie könnten zwei Kontrahenten den Konflikt lösen, wenn es darum geht, einen „Kuchen" aufzuteilen? Es gibt zwei Wege, wie sie einen Wettbewerb beeinflussen können: a) „Verhandlungen" führen oder b) „Drohungen" einsetzen. Verhandeln kann bedeuten, dass möglicherweise ein unendlicher Austausch von Handlungen oder Signalen stattfindet, der zu einer Annäherung der Parteien führen kann. Demgegenüber kann eine Drohung die Kosten des Gegenspielers erhöhen. Die Drohung bedeutet für den Gegenspieler ein Signal, sich in Zurückhaltung bei der Anmeldung seiner Ansprüche zu üben [5].

Der Prozess des Verhandelns kann in der Natur verschiedene Formen annehmen. Die Fähigkeit einer Partei, die Streitschlichtung zu seinen Gunsten zu entscheiden, hängt von der Diskrepanz in der Qualität oder in der Fähigkeit, die Kosten während des Feilschens zu tragen [5]. Es kann der Fall eintreten, dass, abhängig vom Zusammenhang, eine Partei eine bessere Feilscherin, auch wenn sie physisch schwächer ist und in der Rangordnung weiter unten steht als der Gegenüber [6]. Es gibt drei Arten von Drohungen um ein Individuum zu beeinflussen, nämlich 1) jemanden vertreiben, 2) wegzugehen oder 3) anzugreifen.

Zu 1: eine der klarsten Nachweise von versteckten Drohungen zur Vertreibung haben [7] durch Studien über Hierarchien, hervorgerufen über Fischgrößen, herausgearbeitet. Bei einigen Fischarten gibt es das Phänomen, dass Gruppenmitglieder Warteschlangen nach Körpergrößen bilden. Es gibt dabei eine Übereinstimmung zwischen Rang und Körpergröße. Experimente mit Segelflosser (*Centropyge bicolor*) haben gezeigt, dass die Größenunterschiede zwischen den Rängen beibehalten werden, weil Untergebene aus strategischen Gründen ihr Wachstum so steuern, dass sie kleiner bleiben als ihre im Rang unmittelbar folgenden Artgenossen [8]. Möglicherweise regulieren die Untergebenen ihr Wachstum deshalb, um nicht aus der Gruppe herauszufliegen [4]. Wie machen sie das? Indem sie zeitweise aufhören zu fressen, sobald sie sich einer bestimmten Größenschwelle nähern, bei der wahrscheinlich ist, dass sie aus der Gruppe vertrieben werden. Die Größeren haben dabei weniger zu verlieren als die Kleineren. Welche Folgen diese Vorgehensweise hat, kann man an den Meerkatzen der Gattung *Chlorocebus* (baumbewohnende Primaten in Afrika) studieren. Rangniedrigere Weibchen werden durch die dominanten Weibchen gezwungen die Gruppe zwischendurch zu verlassen. Sie dürfen erst wiederkehren, wenn die dominanten Weibchen gebärt haben [9]. Rangniedrigere Weibchen, die während der Zeit ihres Rausschmisses schwanger werden, treiben ihr Kind oft ab, verlieren an Gewicht und zeigen Signale von einem erhöhten endokrinologischen Stress [10]. Auf diese Weise wird ausgeschlossen, dass rangniedrigere Weibchen sich erfolgreich vermehren.

Die Bedrohung des Rausschmisses spielt eine große Rolle beim Modell „pay to stay". Die Rangniedrigen sind gezwungen einen Obolus oder eine Art „Gebühr" zu entrichten, um von der Gruppe toleriert zu werden [11]. Beim Buntbarsch (*Neolamprologus pulcher*) geht es sogar soweit, dass die Brüter (gehören immer der obersten gesellschaftlichen Schicht an) ihre Helfer aus dem Schwarm schmeißen, um ihnen die Rückkehr erst wieder zu erlauben, wenn wieder Arbeit zu verteilen ist [12].

Zu 2: die Drohung des Wegganges erscheint weniger kompliziert: Dort wo Partner oder Futterquellen reichlich vorhanden sind, und es keinen territorialen oder Positionsgewinn bedeutet, sich nicht vom Fleck zu rühren, kann es vorteilhafter sein, einfach zu gehen, als sich im Wettbewerb um Futter zu stellen oder die Vertreibung anderer zu versuchen. Die Drohung wegzugehen ist dann vorteilhaft, wenn die Partnerwahl der Haupttreiber für ein derartiges Verhalten ist [13]. Bei den Putzerfischen *(Laboroides dimidiatus)* zeigten Feldbeobachtungen, dass die Drohung von „Kunden" wieder wegzugehen, die Putzerfische veranlassen mehr zu kooperieren als zu täuschen [14]. Das bedeutet, dass sie sich intensiver um die Ektoparasiten ihrer Klienten kümmern als um das bevorzugtes Hautgewebe des Kunden.

Auch das kooperative Brutverhalten ist eines der Haupttreiber für Kooperationen zum gegenseitigen Nutzen [15]. Hier stellt die Drohung des Weggehens die Basis des klassischen Zugeständnis-Modells. Diese Modelle lassen vermuten, dass wo dominante Individuen einen Vorteil haben, Untergebene in der Gruppe zu halten, sie gut daran tun, einen eigenen Anteil beim Brüten zu leisten, sozusagen als Anreiz, um die Untergebenen nicht zu vergraulen.

Zu 3: die Kampfansage eines physischen Angriffs ist die dritte Form von Drohungen. Im Gegensatz zur Vertreibung und des Weggangs führen Angriffe nicht zwangsläufig zum Ende einer Auseinandersetzung, es sei denn, der Angriff endet für eine Seite tödlich. Die Entscheidung anzugreifen ist als eine gleichwertige Option anzusehen. Sie mag Egoisten abschrecken und veranlasst eine Kooperation in derselben Weise, wie eine Drohung sich von der Gruppe zu trennen. Kampfansagen können gegen die Verhandlungspartner selbst oder gegen seinen Nachwuchs gerichtet sein. Zum Beispiel nutzen viele soziale Schmetterlingsköniginnen ihre Macht, um eigene Nestgenossen von der Reproduktion abzuschrecken, ein Verhalten, das als „Polizeiarbeit" bekannt ist [16]. „Polizeiarbeit" wird normallerweise dann geleistet, wenn Aggressionen bemerkt oder Eier aufgefressen werden. Aber wie bei der menschlichen Polizei, arbeitet die Insektenpolizei sehr effektiv durch den Einsatz von physischen Drohungen. Bei der königinlosen Ameisenart *Dinoponera quadriceps* können beispielsweise die Brüter von Eiern verhindern, dass ihre Stellung von Untergebenen bedroht wird, indem sie diese Rivalen mit einem Pheromon beschmiert. Auf diese Weise wird diese Konkurrenz zum Angriff durch andere Arbeiter freigeben und wird dabei umgebracht [17]. Diese Drohung erhöht auf dramatische Weise die möglichen Kosten der Herausforderer und hilft die Hierarchie in der Kolonie zu stabilisieren. Auch bei anderen Schmetterlingsarten hat es sich herausgestellt, dass die Drohung eines physischen Angriffs die Untergebenen davon abschreckt, selbst Nachwuchs zu bekommen [18]. Grundsätzlich kann festgestellt werden, dass die Bildung einer stabilen Hierarchie die Anwesenheit von effektiven Drohungen (Angriff oder Rausschmiss) voraussetzt, um Herausforderungen von Individuen mit niedrigeren „Dienstgraden" abzuwehren. Hierarchien reduzieren die Konfliktkosten präzise und werden durch Angriffsdrohungen stabilisiert, die selten in die Tat umgesetzt werden müssen.

Dem Nachwuchs kann auch die Reproduktion abgeschreckt werden, besonders bei Arten, deren Nachwuchs einen besonders großen Aufwand bei der Aufzucht nimmt. Bei Büscheläffchen *(Callithrix)* und Meerkatzen zum Beispiel bringen gelegentlich die dominanten Weibchen den Nachwuchs von Untergebenen um. Diese Tragödie geschieht in unregelmäßigen Zeitabständen, weil normalerweise die Drohung mit Kindstötung bereits ausreicht [19]. Es wurde erwartet, dass derartige Drohungen im Insektenreich weniger effektiver sind, weil dort Eier schnell produziert und leicht örtlich verlagert werden können. Dennoch zeigte es sich bei Wespen und Bienen, dass die Reproduktionsraten bei den Arbeiterinnen eng mit der Effektivität der Polizeiarbeit korrelieren. Je brutaler die „Polizeiarbeit" war, desto kleiner war die Zahl der Eier der Arbeiterinnen [20]. Das beweist, dass die „Polizeiarbeit" ein wichtiges Instrument der Abschreckung darstellt. Drohungen Gewalt anzuwenden können also häufig die Zusammenarbeit beeinflussen. Aber es sind weitere Studien nötig, um das kooperative System unter Wildtieren noch besser zu verstehen.

Literatur

1. Cant MA (2011) The role of threats in animal cooperation. Proc R Soc B: Biol Sci 278(1703):170–178
2. Binmore KG (1994) Game theory and the social contract. Bd. 1: playing fair. MIT Press, Cambridge
3. Cant MA, Johnstone RA (2009) How threats influence the evolutionary resolution of within-group conflict. Am Nat 173:759–771
4. Buston PM, Zink AG (2009) Reproductive skew and the evolution of conflict resolution: a synthesis of transactional and tug-of-war models. Behav Ecol 20:672–684
5. McNamara JM, Houston AI, Barta Z, Osorno JL (2003) Should young ever be better off with one parent than with two? Behav Ecol 14:301–310
6. Schelling TC (1960) The strategy of conflict. Harvard University Press, Cambridge, MA
7. Wong MYL, Munday PL, Buston PM, Jones GR (2008) Fasting or feasting in a fish social hierarchy. Curr Biol 18:372–373
8. Ang TZ, Manica A (2010) Aggression, segregation and social stability in a dominance hierarchy. Proc R Soc B 277:1337–1343
9. Clutton-Brock TH, Hodge SJ, Flower TP (2008) Group size and subordinate reproduction in Kalahari meerkats. Anim Behav 76:680–700
10. Young AJ (2009) The causes of physiological suppression in vertebrate societies: a synthesis. In: Hager R, Jones CB (Hrsg) Reproductive skew in vertebrates; proximate and ultimate causes. Cambridge University Press, UK, S 397–436
11. Kokko H, Johnstone RA, Wright J (2002) The evolution of parental and alloparental effort in cooperatively breeding groups: when should helpers pay to stay? Behav Ecol 13:291–300
12. Taborsky MJ (1985) Breeder-helper conflict in a cichlid fish with broodcare helpers: a experimental analysis. Behavior 95:45–75
13. Noë R (2001) Biological markets: partner choice as the driving force behind the evolution of cooperation. In:Economics in Nature. Social Dilemmas, Mate Choice and Biological Markets. (eds Noë R, van Hooff JARAM &Hammerstein P) Cambridge UP pp 93–118. Cambridge University Press

14. Bshary R, Schäffer D (2002) Choosy reef fish select cleaner fish that provide high service quality. Anim Behav 63:557–564
15. Chancellor RL, Isbell LA (2009) Female grooming markets in a population of gray-cheeked mangabeys *(Lophocebus albigena)*. Behav Ecol 20:79–86
16. Ratnieks FLW, Foster KR, Wenseleers T (2006) Conflict resolution in insect societies. Ann Rev Entomol 51:581–608
17. Monnin T, Ratnieks FLW, Jones GR, Beard R (2002) Pretender punishment induced by chemical signalling in a queenless ant. Nature 419:61–65
18. Smith AA, Hölldobler B, Liebig J (2009) Cuticular hydrocarbons reliably identify cheaters and allow enforcement of altruism in a social insect. Curr Biol 19:78–81
19. Young AJ, Montfort SL, Clutton-Brock TH (2008) Physiological suppression in subordinate female meerkats: a role for restraint due to the threat of dominant interference. Horm Behav 53:131–139
20. Wenseleers T, Ratnieks FLW (2006) Enforced altruism in insect societies. Nature 444:50

Kapitel 13
Selbstwahrnehmung und Trauer

Zusammenfassung Höher entwickelte Tierarten sind in der Lage sich im Spiegel zu erkennen. Auch Wut, als eine Form der Selbstwahrnehmung, etwa durch erlittene Missachtungen wurde beispielsweise bei Delfinen beobachtet. Trauer ist auch ein weiter verbreitetes Phänomen, welche bei Primaten aber auch bei anderen Arten wie bei Delfinen, Elefanten, Seelöwen oder bei Gänsen anzutreffen ist. Die Trauer ist für Wildtiere die unausweichliche Konsequenz für das Zerreißen eines Bandes mit einem geschätzten Individuum. Trauer sind sozusagen die „Kosten" für wertvolle Beziehungen mit Artgenossen und das Signal des Anbruches einer neuen Zeit.

Haben Wildtiere eine Art der Selbst- oder Eigenwahrnehmung? Folgende Merkmale haben [1] dafür herausgearbeitet: Sprache, kognitives Verhalten, Selbsterkennung im Spiegel, Nachahmung, Emotionen (wie Schuld, Scham, Verwirrung, Trauer, Wut oder Stolz) und Empathie (wie Hilfestellung für einen verwundeten Artgenossen). Bisher war nur bei den Menschen und bei den großen Affen bekannt, dass sie sich im Spiegel erkennen. Offensichtlich können Tümmler das aber auch. Dafür wurden eindeutige Ergebnisse erbracht [2]. Zwei in Gefangenschaft befindlichen Tiere wurden reflektierenden Oberflächen ausgesetzt. Diesen Tieren wurden zuvor Farbkleckse auf ihren Körpern angebracht. Beim Erkennen ihres eigenen Spiegelbildes verschwendeten sie keine Zeit darauf, Irritationen zu verarbeiten, sondern konzentrierten sich nur auf ihre Markierungen. Überraschenderweise interessierten sie sich nicht für die Körpermarkierungen ihrer Artgenossen. Das ist aber verständlich, weil Tümmler keine gegenseitige Körperpflege kennen, wie zum Beispiel bei Primaten üblich [2]. Diese Fähigkeit mit einem Spiegel umzugehen, sich also selber wahrzunehmen, beschränkt sich also nicht nur auf die Primatenlinie. Einem jungen Delfinweibchen wurde aufgetragen eine Folge von Gesten nachzuahmen. Als sie die Vorgaben nicht korrekt erfüllt hatte, wurde ihr ein „negatives Feedback" gegeben mit dem Ergebnis, dass das Delfinweibchen einen Moment später ein langes Plastikrohr, das neben ihr im Wasser trieb, in Richtung des Trainers schleuderte, seinen Kopf nur um wenige Zentimeter verfehlend.

© Der/die Autor(en), exklusiv lizenziert an Springer-Verlag GmbH, DE, ein Teil von Springer Nature 2023

G. Gellert, *Die Wildnis und wir: Geschichten von Intelligenz, Emotion und Leid im Tierreich*, https://doi.org/10.1007/978-3-662-68031-5_13

Wie steht es beispielsweise um Trauer, die auch eine Form der Eigenwahrnehmung darstellt? Für die Natur stellt sich zunächst die Frage, inwieweit Trauer für das Überleben einer Art wichtig ist? Wenn sich Tiere um einen Kadaver versammeln, riskieren sie nämlich Infektionen oder Angriffe von Raubtieren [3]. Nach [4] bedeutet Trauer für Wildtiere, dass es eine unausweichliche Konsequenz für das Zerreißen eines Bandes mit einem geschätzten Individuum bedeutet. Trauer sind sozusagen die „Kosten" für wertvolle Beziehungen mit anderen Individuen. Die Trauer ist wichtig für die Bewältigung des Verlustes, für die Neuordnung von Prioritäten und zur Verhinderung von künftigen Verlusten. Die Welt muss neu gelernt werden [5].

Vielleicht hilft hier diese Beobachtung weiter: zwei Schwertwale in Gefangenschaft schienen Trauer zu zeigen, nachdem ein weiblicher Körper tot aufgefunden wurde. In der Wildnis ist so eine Situation extrem selten, weil Walkadaver im Meer schnell verschwinden. Zu Lebzeiten wurde das tote Weibchen immer von zwei jüngeren Männchen begleitet. Man war im Glauben, dass es sich um ihre Söhne handelte. Ein oder zwei Tage, nachdem der Kadaver gefunden worden war, schwammen die beiden Söhne zusammen ohne den Kontakt zu ihrer Gruppe zu suchen. Immer wieder suchten sie den Ort auf, wo ihre Mutter ihre letzten Lebenstage verbracht hatte. Für [6] war das ein Zeichen von Trauer. Die beiden Schwertwale leben noch heute und schwimmen immer noch allein nebeneinander her, obwohl sie mittlerweile aber auch Kontakt zu anderen Gruppenmitgliedern pflegen.

Von einem interessanten Trauerfall berichtete [7]. Goodall beobachtete wie Flint, ein 8 Jahre alter Schimpanse, nachdem seine Mutter starb, sich von der Gruppe entfernte, nichts mehr fraß und schlussendlich starb. Nobelpreisträger Konrad Lorenz beobachtete auch Trauer unter Gänsen. Eine Graugans *(Anser anser)*, die ihren Partner verloren hatte, zeigte alle Symptome, die kleinen Kindern in dieser Lage zu eigen sind. Seelöwenmütter *(Zalophus californianus)*, die zusehen mussten, wie ihre Jungen von Killerwalen aufgefressen wurden, kreischten unheimlich und beklagten erbärmlich ihren Verlust. Delfine wurden dabei gesehen, wie sie sich um ein totes Delfinkind abmühten [8]. Elefanten standen Wache um ein totgeborenes Baby, wobei ihre Köpfe und Ohren schlaff herabhingen. Sie bewegten sich ruhig und langsam, als ob sie depressiv wären. Weisenkinder von Elefanten wachen nachts oft schreiend auf. Trauer und Depression sind bei Elefantenwaisen ein echtes Problem [9]. „Das Licht in ihren Augen erlöscht langsam und sie sterben einfach". In der Zukunft werden auf dem Gebiet der Neurobiologie und Endokrinologie mehr Forschungen nötig sein, um besser das Trauern von Tieren zu begreifen.

Literatur

1. Hart D & Karmel MP (1996) Self awareness and self-knowledge in humans, apes and monkeys. In: Russon, AE, Bard KA, Parker ST (Hrsg) Reaching into the thought—the minds of great apes. Cambridge University Press, Chicago

2. Reiss D, Marino L (2001) Mirror self-recognition in the bottlenose dolphin: a case of cognitive convergence. PNAS 98:5937–5942
3. Nakajima S (2018) Complicated grief: recent developments in diagnostic criteria and treatment. Philos Trans R Soc B: Biol Sci 373(1754):20170273
4. King BJ (2013) How animals grieve. The University of Chicago Press, Chicago
5. Nesse MN (2000) Is grief really maladaptive? Evol Hum Behav 21:59–61
6. Rose NA (2000a) A death in the family. In: Berkoff M (Hrsg) The Smile of the Dolphin. Discovery Books, London
7. Schusterman J (2000) Pitching a fit. In: Berkoff M (Hrsg) The smile of the dolphin. Discovery Books, London
8. Bekoff M (2000) Animal emotions: exploring passionate natures current interdisciplinary research provides compelling evidence that many animals experience such emotions as joy, fear, love, despair, and grief—we are not alone. Bioscience 50(10):861–870
9. Poole J (1996) Coming of age with elephants: a memoir. Hyperion, New York

Kapitel 14
Schmerzen und ihre Verbreitung in der Wildnis

Zusammenfassung Es herrscht bei uns immer noch verbreitet die Meinung, dass das Leben in der Wildnis idyllisch sei. Wildtiere erfahren aber fast täglich Unheil. Der starke Leidensdruck und der frühe Tod werden von uns nur flüchtig wahrgenommen, und wir betrachten eher die kleine Zahl der Tiere, die ihr Erwachsenenalter erreicht haben. Von Schmerzen sind nicht nur landlebende Wirbeltiere, sondern wahrscheinlich auch Fische und sogar Insekten betroffen. Bei den Fischen kommt noch der kommerzielle Fischfang hinzu, der besondere schmerzliche Belastungen für sie bedeuten. Das sind quälende verlängernde Formen des Sterbens. Das besonders Schlechte daran ist noch, dass Fische, die beim Fang Luftnot erleiden, das Bewusstsein, je nach Art, erst nach mindestens einer Stunde verlieren.

Es herrscht immer noch verbreitet die Meinung, dass das Leben in der Wildnis idyllisch sei. Es wird weiterhin der gemeinsame Glaube gepflegt, dass in der Natur, wenn frei von allen menschlichen Störungen, die Tiere sich ihres Lebens freuen und alle Probleme, die ihnen begegnen können, immer nur mit menschlichen Handlungen und ihre Folgen zu tun haben. Die Wahrheit jedoch steht im Gegensatz zu diesem Glauben. Wildtiere erfahren fast täglich Unheil. Die Wege zum Unheil sind mannigfaltig. Wildtiere leiden an Hunger und Dehydrierung (Durst). Sie leiden unter vielen Krankheiten sowie an Verletzungen durch Angriffe oder Unfälle. Sie müssen mit widrigen Wetterverhältnissen klarkommen. Sie leiden unter Aggressionen, die von der eigenen oder von anderen Arten kommen und sie erdulden auch Parasitismus. Zusätzlich müssen sie viel Stress und andere psychologische Leiden verkraften. Diese Liste kann fast unendlich fortgeführt werden. Vielen Menschen ist diese Situation jedoch nicht sonderlich bewusst. Der starke Leidensdruck und der frühe Tod in der Natur werden von uns nur flüchtig wahrgenommen, und wir betrachten eher die kleine Zahl der Tiere, die ihr Erwachsenenalter erreicht haben, im Vergleich zu denen, die früh sterben, kaum dass sie das Licht der Welt erblickt haben. Die Natur hat sich mit ihrer Reproduktionsstrategie darauf eingerichtet, die so funktioniert, dass große Nachwuchszahlen bei Arten erzeugt werden, die nur geringe Überlebenschancen haben.

© Der/die Autor(en), exklusiv lizenziert an Springer-Verlag GmbH, DE, ein Teil von Springer Nature 2023

G. Gellert, *Die Wildnis und wir: Geschichten von Intelligenz, Emotion und Leid im Tierreich*, https://doi.org/10.1007/978-3-662-68031-5_14

Wie steht es vor diesem Hintergrund mit Schmerzen im Tierreich? Auslöser dafür wurden in größerer Zahl aufgelistet und betreffen naturgemäß zunächst die Wirbeltiere, besonders weil ihr Bauplan sehr dem unsrigen ähnelt.

Vor 100 Mio. Jahren wurde der Stammbaum bei Tieren zweigeteilt. Die Wirbeltiere gehören zu einem Ast und die Wirbellosen zum anderen Ast. Dem zur Folge haben sich die Nervensysteme beider Gruppen ganz unterschiedlich weiterentwickelt.

Aber wie steht es zum Beispiel mit dem Schmerzempfinden von Fischen? Immerhin gehören sie stammesgeschichtlich zu den Wirbeltieren, also zu uns. Fische werden gehandelt, gefangen, gezüchtet, getötet und das billionenfach jedes Jahr rund um den Globus. Für ihr Wohlergehen interessiert sich fast niemand und ihre Fähigkeit für Gefühle wird nicht beachtet [1]. Fische haben keine Stimme, sodass andere Wege nötig sind, um dem Phänomen der Schmerzen auf die Spur zu kommen. Eine gute verfügbare Möglichkeit für negative Belastungen (wie der Schmerz) wäre die Vermeidungsstrategie eines Fisches zu beobachten. Eine gezeigte Abneigung gegen schmerzhafte Situationen ist zwar noch kein endgültiger Beweis, aber eine diskutable Erklärung und ähnelt auch dem menschlichen Verhalten bei derartigen Unannehmlichkeiten [2].

Fische haben Rezeptoren für Schmerzempfindungen [3] mit Verbindung zu einer Hirnregion, dem sogenannten „Endhirn" [4]. In einem Experiment wurden Regenbogenforellen *(Salmo gairdneri)* schmerzhafte Reize ausgesetzt mit dem Ergebnis, dass die Fische eine Reihe von physiologischen Anomalien und Verhaltensänderungen zeigten, wie zum Beispiel eine verstärkte Kiemenatmung und seltsame Bewegungen, wie das Scheuern die Lippen an den Wänden oder am Boden ihres Aquariums [3]. Es gab auch Anzeichen für Veränderungen ihres Gemütszustandes. Sie fraßen weniger [3] und zeigten weniger Scheu und Misstrauen vor Raubfischen [5], was schon fast einem selbstmörderischen Verhalten ähnelt. Erstaunlicherweise verschwanden diese Symptome nach der Behandlung mit einem analgetischen Morphin (ein opioides Schmerzmittel) wieder, die bei anderen Tierarten Schmerzen unterdrücken [3].

Fairerweise muss hier hinzugefügt werden, dass es auch Wissenschaftler gibt, die nicht daran glauben, dass Fische Schmerzen empfinden, wie [6]. Er meint, dass den Fischen das Gehirn und die psychologisch notwendigen Entwicklungen fehlen, um Schmerzen zu empfiden.

Ein Wort noch zur Fischindustrie an dieser Stelle. Sie ist für viele Missstände, was den Umgang mit Fischen in den Meeren anbetrifft, verantwortlich [7]. Auch der Walfang gehört zu dieser Industrie und wird noch heute kommerziell betrieben. Japan, Norwegen und Island wollen den Walfang sogar noch ausweiten.

Im Jahre 2008 betrug der Fischfang weltweit 93,4 Mio. Tonnen (State of World Fisheries 2016). Davon sind etwa 38 Mio. nur Beifang, der größtenteils als Abfall über Bord geworfen wird. Das bedeutet eine gigantische Verschwendung und beschleunigt das Aussterben vieler Arten.

Zurück zu den Fischen: der Fischfang schafft besondere Belastungen für die Fischfauna. Die kommerziellen Hauptfangmethoden werden mit dem Schleppnetz, Ringwadenetz, Stellnetz, Verwickelnetz und mit dem Trammelnetz durchgeführt.

Es ist einleuchtend, dass viele Fische durch eine derartige Behandlung verletzt werden und besonders leiden.

Tragisch ist der Fang mit dem Schleppnetz, weil die Fische zunächst bis zur Erschöpfung gejagt werden, dabei in Panik geraten und durch das Netz noch verletzt werden. Die Mortalitätsrate beträgt bei dieser Fangmethode zwischen 30 % und 70 %, auch weil sie durch das Gewicht anderer Fische bei Hochziehen des Netzes erdrückt werden. Der Erstickungstod wird hier auch eine große Rolle spielen. Beim schnellen Hochziehen des Netzes platzt zudem auch die Schwimmblase und die Augen treten aus dem Kopf.

Auch das Ringwadennetz geht mit den Fischen nicht schonender um. Wenn sich das Netz schließt, bekommen die Fische Panik und versuchen mit Gewalt auszureißen. Sie werden im Netz in vielfacher Weise zerschmettert und die Todesrate beträgt hier etwa 90 %. Auch Stellnetze sind nicht besser. Fische, die darin gefangen werden, bekommen Furcht und Panik. Hautverletzungen sind dabei auch an der Tagesordnung. Der Fang mit einem Verwickel- oder einem Trammelnetz, das zu einer Umschlingung des Fisches führen, sorgen zumindest für eine normale Atmung der Fische während seiner Gefangenschaft. Die Mortalitätsrate beträgt mit diesen Fangmethoden nur etwa 28 % [8]. Wie schon erwähnt, erleidet eine große Zahl der Fische den Erstickungstod. Das sind quälende verlängernde Formen des Sterbens. Das besonders Schlechte daran ist noch, dass Fische, die gerade ersticken, das Bewusstsein, je nach Art, erst nach mindestens einer Stunde verlieren [9].

Wie kann man aus dieser Misere herauskommen? Die Dauer des Aufenthalts im Netz sollte unbedingt verkürzt werden. Das bedeutet, dass die Netze häufiger entleert werden müssen. Stellnetze sollten alle 30 min kontrolliert werden. Am schonendsten sind Verwickelnetze, weil sie sie die Fische nur umschlingen und die Kiemen dabei nicht beschädigen. Aber wir sind uns wohl einig, dass derartige Verbesserungen nicht stattfinden, auch weil Kontrollen dazu kaum möglich sein werden.

Eine große Zahl der in der Natur lebenden Tiere sind die Wirbellosen, die in großer Zahl sterben, kaum dass sie geboren worden sind. Da wirbellose Tiere, zu denen die Insekten, Spinnen, Schnecken oder Würmer gehören, als weniger fortschrittlich und entwickelt gelten als Wirbeltiere, werden sie als weniger empfindungsfähig eingestuft. Stimmt das wirklich?

Hierzu fängt die Debatte gerade erst an [10]. Aber es gibt Studien, die darauf hinweisen, dass auch Insekten Schmerzen oder etwas ähnliches erfahren.

Bei Insekten ist die Nozizeption verbreitet. Nozizeption ist die Wahrnehmung von Reizen, die den Körper potenziell oder tatsächlich schädigen. Diese Reize werden von diesen Nozizeptoren registriert und über Schmerzfasern ins Gehirn geleitet. Die Sinnesempfindung "Schmerz" entsteht erst durch die Verarbeitung im Kortex [11]. Nozizeption ist also ein unbeabsichtigter schneller Reflex, der nicht unbedingt mit Schmerzen verbunden sein muss. Aber das ist noch nicht der Weisheit letzter Schluss. Auf jeden Fall ist die Nozizeption ein System, das einen Reiz, der zur Schädigung des Tieres führt, bemerkt und das Tier zu einer sofortigen Reaktion zwingt.

Eine Möglichkeit zu erfahren, ob dabei Schmerzen empfunden werden können, wäre nach [3] das Vorhandensein von Opioidrezeptoren im Insektenkörper und positive Reaktionen auf Analgetika (Schmerzmittel). Derartige Experiment wurden mit Fruchtfliegen *(Drosophila melanogaster)* tatsächlich unternommen [12]. Diese wurden in der dunklen Hälfte einer Röhre festgehalten. Von dort konnten sie innerhalb dieser Röhre zur hellen Hälfte fliegen. Wenn aber die Mitte des Röhrchens stärker erhitzt wurde, blieben die Fruchtfliegen in ihrer dunklen Hälfte sitzen. Wurde den Fliegen aber ein Analgetikum (Schmerzmittel) verabreicht, das bestimmte Signale im Gehirn und die Aktivität des Nervensystems hemmt, überwanden diese Fruchtfliegen dann die erhitze Stelle und flogen zum Licht.

Man könnte dem Glauben verfallen, dass das Analgetikum gewirkt hat. Ein anderes Beispiel: wurden Fruchtfliegen in Gegenwart eines bestimmten Duftes mit Elektroschocks behandelt, vermieden sie später vorsichtshalber diesen Duft [13]. Das kann doch kein Zufall sein!

Die Fruchtfliege besitzt tatsächlich Rezeptoren in Form von Kanalstrukturen, die sehr ähnlich wie bei den Schmerzrezeptoren von Säugetieren sind [14]. Es gibt Studien die vermuten lassen, dass Insekten Schmerzen nach Verletzungen erleiden [15] Arbeiten über Schmerzen bei Spinnen zeigen[16], dass der Mechanismus der Wahrnehmung von injizierten gefährlichen Chemikalien, so wie Gifte, sehr ähnlich ist wie der Mechanismus beim Menschen, der auch für die Schmerzempfindung zuständig ist. Die Frage, ob Krusten- oder Schalentiere Schmerzen empfinden, ist nicht nur eine philosophische und wissenschaftliche Frage, sondern auch eine für die breite Öffentlichkeit [17]. Physiologisch betrachtet, haben sie auch Nozizeptoren, Ganglien (Ansammlungen von Nervenzellen) und Leitungen dazwischen [18]. Experimente haben gezeigt [19], dass Einsiedlerkrebse ihre Schalen verlassen, wenn bei den Schalen die Intensität von elektrischen Schocks zunimmt. Physiologisch sieht die Sache so aus, dass beispielsweise Schnecken und Erdwürmer neurochemische Opiate im Körper herstellen [18]. Opiate sind sehr stark schmerzhemmend und werden in der Anästhesie und Schmerztherapie in der Humanmedizin angewandt.

Dieses Kapitel möchte ich mit den Gedanken von [20] abschließen. Er meinte, wenn jedes leidende Tier ein rotes Licht ausstrahlen würde, wäre unser Planet, vom Weltraum aus betrachtet, nicht mehr ein blauer, sondern ein rotglühender.

Literatur

1. Lambert H, Cornish A, Elwin A, D'Cruze N (2022) A Kettle of fish: a review of the scientific literature for evidence of fish sentience. Animals 12(9):1182
2. Walters ET (2022) Strong inferences about pain in invertebrates require stronger evidence. Anim Sentience 7(32):14
3. Sneddon LU (2003) The evidence for pain in fish: The use of morphine as an analgesic. Appl Anim Behav Sci 83(2):153–162

4. Rink E, Wullimann MF (2004) Connections of the ventral telencephalon (subpallium) in the zebrafish *(Danio rerio)*. Brain Res 1011(2):206–220
5. Ashley PJ, Ringrose S, Edwards KL, Wallington E, McCrohan CR, Sneddon LU (2009) Effect of noxious stimulation upon antipredator responses and dominance status in rainbow trout. Anim Behav 77(2):403–410
6. Derbyshire SW (2016) Fish lack the brains and the psychology for pain. Anim Sentience 1(3):18
7. Hessler K, Jenkins B, Levenda K (2017) Cruelty to human and nonhuman animals in the wild-caught fishing industry. J Sustain Dev Law Pol 18:30
8. Chopin FS (1996) A comparison of the stress response and mortality of sea bream pagrus major captured by hook and line and trammel net, 28.3. Fish Res 277:285–287
9. Mood A, Brooke P (2010) Estimating the number of fish caught in global fishing each year. Fishcount. Cambridge University Press, Cambridge
10. Carere C, Mather J (2019) The welfare of invertebrate animals. Springer
11. Schmidt RF (2010) Physiologie des Menschen: mit Pathophysiologie. 31. Aufl. Springer
12. Manev H, Dimitrijevic N (2005) Fruit flies for anti-pain drug discovery. Life Sci 76:2403–2407
13. Yarali A, Niewalda T, Chen YC, Tanimoto H, Duerrnagel ST, Gerber B (2008) 'Pain relief' learning in fruit flies. Anim Behav 76:1173–1185
14. Neely GG, Keene AC, Duchek P, Chang EC, Wang QP, Aksoy YA, Rosenzweig M, Costigan M, Woolf CJ, Garrity PA (2011) TrpA1 regulates thermal nociception in Drosophila. PLoS ONE 6(8):e24343
15. Khuong TM, Wang QP, Manion J, Oyston LJ, Lau MT, Towler H, Lin YQ, Neely GG (2019) Nerve injury drives a heightened state of vigilance and neuropathic sensitization in Drosophila. Sc Adv 5(7):eaaw4099
16. Eisner T, Camazine S (1983) Spider leg autotomy induced by prey venom injection: An adaptive response to "pain"? Proc Natl Acad Sci 80(11):3382–3385
17. Jones R (2014) The Lobster Considered. In: Bolger R and Korb S (eds) Gesturing toward reality: David Foster Wallace and philosophy. Bloomsbury Academic 85–102
18. Ross LG, Ross B (2009) Anaesthetic and sedative techniques for aquatic animals. Wiley
19. Elwood RW, Appel M (2009) Pain experience in hermit crabs? Anim Behav 77(5):1243–1246
20. Moen OM (2016) The ethics of wild animal suffering. Etikk i praksis-Nord J Appl Ethics 1:91–104

Kapitel 15
Infektionskrankheiten bei Wildtieren und Menschen

Zusammenfassung Es gibt Krankheiten, die Menschen und Tiere gleichermaßen befallen, sogenannte Zoonosen. Über 60 % der menschlichen Krankheitserreger sind einst von Tieren auf den Menschen übergesprungen. Erreger sind Bakterien, Viren, Pilze oder Würmer. Hier spielen die heutigen Lebensraumzerstörung und die Abnahme der Artenvielfalt, die letztlich das Auftauchen von weiteren zoonotischen Keimen fördert, eine besondere Rolle. Daraus folgt ein intensiverer Kontakt der Menschen mit bestimmten Wildtierarten und damit auch mit ihren pathogenen Keimen, die für die menschliche Immunabwehr noch unbekannt sind. Ein weiteres großes Problem ist der Wildtierhandel, der weltweit dramatisch zugenommen hat.

Der Begriff Zoonose (Infektionskrankheiten, die Menschen und Tiere gleichermaßen befallen) stammt aus dem griechischen Wort „Zoon" und bedeutet „Tier". Das Wort „nosos" bedeutet „Krankheit". Nach den Bestimmungen der Weltgesundheitsorganisation (WHO) wird jede Krankheit, die vom Tier auf den Menschen auf natürliche Weise überspringt als „Zoonose" klassifiziert [1].

Die meisten Menschen sind in Kontakt mit Tieren auf die eine oder anderen Weise. Über 60 % der menschlichen Krankheitserreger sind einst von Tieren übergesprungen. Dabei handelt es sich um ein weites Spektrum an Erregern, wie zum Beispiel Bakterien, Viren, Pilze oder Würmer. Besonders Faktoren wie Verstädterung, Tierwanderungen (wie die von Zugvögeln oder von Neozoen), Handel, Tourismus und die Vektorbiologie (Transportmittel für Erreger wie etwa Insekten oder Spinnentiere (Zecken) für Virenübertragungen) sorgen für die Verbreitung. Mit fortschreitender Zeit gibt es daher immer mehr derartige Zoonosen. Das jüngste Beispiel dafür ist wahrscheinlich COVID-19 [2].

Wilde Tiere sind auf komplizierte Weise mit den Menschen verbunden. Hier spielen noch weitere Faktoren für die Krankheitsübertragungen mit, wie Lebensraumzerstörung und die Abnahme der Artenvielfalt, die letztlich das Auftauchen von weiteren zoonotischen Keimen fördert [3]. Zoonosen können auch Schäden innerhalb der Wildtierpopulation verursachen. Viele wilde Tiere stellen Quellen für Zoonosen dar wie zum Beispiel Säugetiere, Reptilien, Vögel, Fische oder

© Der/die Autor(en), exklusiv lizenziert an Springer-Verlag GmbH, DE, ein Teil von Springer Nature 2023
G. Gellert, *Die Wildnis und wir: Geschichten von Intelligenz, Emotion und Leid im Tierreich*, https://doi.org/10.1007/978-3-662-68031-5_15

Amphibien. Faktoren, die Zoonosen begünstigen sind a) das schnelle „Anwachsen der Weltbevölkerung", b) das „einfache Reisen" für wenig Geld rund um den Globus, c) die gewachsene „Nähe zwischen Menschen und Wildtieren", d) das „Halten von Wildtieren", e) das „Jagen", f) die „Verarbeitung und der Transport von Wildtieren" ohne größere Vorsichtsmaßnahmen und schließlich g) die „Veränderungen in der Flächennutzung" [4].

Schauen wir uns noch einmal die letzte Quelle für Zoonosen genauer an, nämlich die „Veränderungen in der Flächennutzung". Diese Nutzungsform ermöglicht intensiveren Kontakt mit Wildtieren und damit auch mit ihren pathogenen Keimen, die für die Immunabwehr des Menschen noch unbekannt sind. Wie kommt dieser intensive Kontakt zwischen Menschen und Tieren in der Regel zustande? Zunächst werden Straßen in unzugängliche Gebiete gebaut, oft aus kommerziellen Gründen (Bergbau, Landwirtschaft, Siedlungsbau). Dadurch wachsen die Ränder der Wildgebiete und auch die Schnittstellen zwischen Menschen und Tieren. Die Länge der Wildgebietsränder ist positiv korreliert mit der Anzahl der Kontakte zwischen Menschen und Wildtieren und damit auch die Entstehung von Zoonosen. Nach Modellrechnungen ist die Übertragung von Zoonosen vom Tier auf Menschen in intakten Ökosystemen weniger häufig [5]. Es gibt gut dokumentierte Fälle von Krankheitsübertragungen zwischen Wildtieren und Menschen, die auf Landnutzungsänderungen zurückzuführen ist. Der Ausbruch des Ebola-Virus hängt zum Beispiel mit der Entwaldung in Zentral- und Westafrika zusammen [6]. Nur zwei Jahre nach der Entwaldung tauchte das Virus bereits auf [7]. Auch die Zerstückelung von Wildgebieten kann dazu führen, dass Wildtiere in Siedlungen auftauchen, besonders dann, wenn das Futter in ihren eigenen Gebieten knapp wird. Zum Beispiel fressen Flughunde (Fledermausart) zunehmend in der Nähe von menschlichen Siedlungen, ein wichtiger Faktor für das „Überschwappen" von Krankheitserregern auf den Menschen [8]. In Australien ist der Hendra-Virus von den Flughunden zunächst auf die Reitpferde und dann erst auf die Menschen übergesprungen. Das wurde im Zusammenhang gebracht mit dem abnehmenden Nektar von Wildblüten, verursacht durch Lebensraumverluste oder durch den Klimawandel. Die Flughunde änderten daraufhin ihren Speiseplan und nutzten menschliche Futterquellen, wie zum Beispiel Obst, das in den Pferdekoppeln angebaut worden war [9]. Von der Pferdekoppel zum Menschen war es dann nicht mehr weit. Übertragungen von Krankheitserregern, hervorgerufen durch Landnutzungsänderungen, hängen nicht nur von der Anzahl der Kontakte zwischen Menschen und Wildtieren ab, sondern auch von der Zahl der infizierten Wildtiere [8]. Wenn unberührte Natur in Ackerland umgewandelt wird, so bleibt für viele Wildtierarten immer weniger Raum übrig mit der Folge, dass die Lebensgemeinschaft immer ärmer wird. Es kann auch dazu führen, dass die Häufigkeit der Überträger und Wirtstiere steigt, weil sie besser in der Lage sind, mit unwirtlichen Bedingungen fertig zu werden [10].

Die wichtigsten Quellen für Zoonosen stellen Nagetiere, Fledermäuse und Primaten dar [11]. Und in der Tat, Fledermäuse und Primaten teilen sich viele Virusarten mit den Menschen. Fledermäuse waren an vielen tödlichen Virusinfektionen beteiligt, wie zum Beispiel am Ebola-Virus, SARS-CoV, MERS-CoV,

Nipah-Virus und am Hendra-Virus [12]. Tropische Regenwälder beherbergen eine große Vielfalt an Nagetieren, Primaten und an Fledermäusen, wobei letztere im Amazonas-Gebiet in Brasilien besonders gehäuft auftreten [13]. Das erklärt in Teilen, warum Regenwälder zu den risikoreichsten Gebieten gehören. Hinzu kommen noch die oben erwähnten Entwaldungen und Gebietszerstückelungen. Der Verlust an tropischen Wäldern nimmt immer weiter zu. Bei etwa 70 % der noch verbliebenen Wälder befinden sich ihre Ränder durchschnittlich nur noch in einem Kilometer Entfernung [14]. Es ist davon auszugehen, dass die Umwandlung von tropischen Regenwäldern in der Zukunft uns weitere Epidemieausbrüche bescheren wird.

Ein weiteres großes Problem ist der Wildtierhandel, der dramatisch zugenommen hat. Seit 2005 ist er um 500 % und seit 1980 um 2000 % gewachsen (UN Comtrade Database 2020). Aber die Verbannung des Wildtierhandels würde gleichzeitig zu einer Armutsverschärfung führen und wäre deshalb schwierig politisch durchzusetzen.

Für die Prävention und Kontrolle von Infektionskrankheiten, wie Zoonosen, hat die Weltgesundheitsorganisation WHO das „One-Health-Konzept" etabliert [15]. Dieses Konzept ermutigt die Zusammenarbeit mit Wildtierbiologen, Tierärzten, Agrarwissenschaftlern, Mikrobiologen und Epidemiologen um die Gesundheit von Wildtieren, Menschen und Umwelt sicherzustellen [16].

Literatur

1. Taylor L, Latham SM, Woolhouse ME (2001) Risk factors for human disease emergence. Philos Trans R Soc Lond B Biol Sci 356:983–989
2. Rahman M, Sobur M, Islam M, Ievy S, Hossain M, El Zowalaty ME, Ashour HM (2020) Zoonotic diseases: etiology, impact, and control. Microorganisms 8(9):1405
3. Akter M, Islam MS, Islam MA, Sobur MA, Jahan MS, Rahman S, Nazir KNH, Rahman MT (2020) Migratory birds as the potential source for the transmission of *Aspergillus* and other fungus to Bangladesh. J Adv Vet Anim Res 7:338–344
4. Bengis RG, Leighton FA, Fischer JR, Artois M, Morner T, Tate CM (2004) The role of wildlife in emerging and re-emerging zoonoses. Rev Sci Tech OIE 23:497–512
5. Faust CL, McCallum HI, Bloomfield LS, Gottdenker NL, Gillespie TR, Torney CJ, Dobson AP, Plowright RK (2018) Pathogen spillover during land conversion. Ecol Lett 21(4):471–483
6. Leendertz SAJ, Gogarten JF, Düx A, Calvignac-Spencer S, Leendertz FH (2016) Assessing the evidence supporting fruit bats as the primary reservoirs for Ebola viruses. EcoHealth 13(1):18–25
7. Olivero J, Fa JE, Real R, Márquez AL, Farfán A, Vargas JM, Gaveau D, Salim MA, Park D, Suter J, King S (2017) Recent loss of closed forests is associated with Ebola virus disease outbreaks. Sci Rep 7(1):1–9
8. Dobson AP, Pimm SL, Hannah L, Kaufman L, Ahumada JA, Ando AW, Bernstein A, Busch J, Daszak P, Engelmann J, Kinnaird MF, Li BV, Loch-Temzelides T, Lovejoy T, Nowak K, Roehrdanz R, Vale MM (2020) Ecology and economics for pandemic prevention. Science 369(6502):379–381
9. Plowright RK, Eby P, Hudson PJ, Smith IL, Westcott D, Bryden WL, Middleton D, Reid PA, McFarlane RA, Martin G, Tabor GM (2015) Ecological dynamics of emerging bat virus spillover. Proc R Soc B: Biol Sci 282(1798):20142124

10. Gibb R, Redding DW, Chin KQ, Donnelly CA, Blackburn TM, Newbold T, Jones KE (2020) Zoonotic host diversity increases in human-dominated ecosystems. Nature 584(7821):398–402

11. Johnson CK, Hitchens PL, Pandit PS, Rushmore J, Evans TS, Young CC, Doyle MM (2020) Global shifts in mammalian population trends reveal key predictors of virus spillover risk. Proc R Soc B: Biol Sci 287(1924):2019–2736

12. Han HJ, Wen HL, Zhou CM, Chen FF, Luo LM, Liu JW, Yu XJ (2015) Bats as reservoirs of severe emerging infectious diseases. Virus Res 205:1–6

13. Jenkins CN, Pimm SL, Joppa LN (2013) Global patterns of terrestrial vertebrate diversity and conservation. Proc Natl Acad Sci 110(28):E2602–E2610

14. Haddad NM, Brudvig LA, Clobert J, Davies K, Gonzalez A, Holt RD, Lovejoy TE, Sexton JO, Austin MP, Collins CD, Cook WM (2015) Habitat fragmentation and its lasting impact on Earth's ecosystems. Sci Adv 1(2):e1500052

15. Calistri P, Iannetti S, Danzetta L, Narcisi M, Cito V, Di Sabatino F et al (2013) (2013) The components of 'One World – One Health' approach. Transbound Emerg Dis 60:4–13

16. One Health. One Health Commission. http://www.onehealthcommission.org/. Zugegriffen: 19 Juli 2020

Kapitel 16
Walfische mit ihren besonderen Belastungen

Zusammenfassung Den Massenmedien kann in regelmäßigen Zeitabständen entnommen werden, dass Wale an Stränden verendet sind. Diese Ereignisse lassen die Menschen nicht unbeeindruckt. Über die Ursachen lässt sich derzeit nur spekulieren, wobei mehrere Auslöser in Frage kommen, nämlich die kommerzielle Fischerei, Krankheiten, Schadstoffe und neuerdings auch noch die zunehmende Geräuschkulisse unter Wasser. Das besondere Problem dabei ist, dass Geräusche im Wasser weiter transportiert werden als das Licht. Hinzu kommt noch, dass Geräusche im Wasser sich vier Mal schneller verbreiten als durch die Luft. Was Lärm bei Menschen verursacht ist gut dokumentiert und wird bei den Walfischen wohl auch eine Rolle spielen.

Immer wieder wird in den Medien von Wal- und Delfinmassensterben berichtet, zuletzt kurz vor der Erscheinung dieses Buches im Jahre 2023. Hunderte toter Delfine strandeten an der französischen Atlantikküste. Viele dieser Säuger waren verstümmelt. Die Präsidentin von „Sea Shepherd France" hatte den Verdacht, dass die toten Delfine auf den Industrieschiffen verstümmelt werden. Danach werden die Kadaver ins Wasser geworfen; sie sinken auf den Meeresboden und zersetzen sich dort. Die Industriefischer mit den großen Netzen wollen auf diese Art vermeiden, dass allzu viele der erstickten Delfine an die Strände geschwemmt werden, damit die Bevölkerung weniger auf das Massaker aufmerksam wird. An der westeuropäischen Atlantikküste zwischen Portugal und Belgien wird die Zahl der toten Delfine auf jährlich 4000 bis 10.000 geschätzt. Ein Großteil davon stirbt im Golf von Biskaya. Weht der Wind aus dem Westen, werden die Delfinleichen an die Küstenstriche Frankreichs um Biarritz, Bordeaux und bis in die Bretagne geschwemmt (Stefan Brändle vom St. Galler Tagblatt am 03. 02. 2023).

Gibt es außerhalb der Fischerei noch weitere Gründe für ein Walfischmassensterben? Häufiger waren Schwermetallbelastungen dafür verantwortlich. Darüber wurde berichtet [1]. Zwischen 1977 und 1990 wurden deswegen 36 tote Delfine an der Atlantikküste gefunden und auch [2] sehen Schwermetalle als Ursache für ein Delfinmassensterben von über 1000 Tieren im Golf von Mexiko an.

© Der/die Autor(en), exklusiv lizenziert an Springer-Verlag GmbH, DE, ein Teil von Springer Nature 2023
G. Gellert, *Die Wildnis und wir: Geschichten von Intelligenz, Emotion und Leid im Tierreich*, https://doi.org/10.1007/978-3-662-68031-5_16

Auch Parasiten können zu Walfischmassensterben (26 Tiere) führen, wie an der Italienischen Küste zwischen 2013 und 2015 von [3] ermittelt worden war. Viren waren auch schon vielfach für Delfinmassensterben verantwortlich. Von einem Fall berichten [4]. Vor der spanischen Küste waren 26 Tiere von einem Herpesvirus betroffen. Diese Reihe der Krankheitserreger könnte länger fortgesetzt werden, aber ich möchte hier noch auf ein anderes Phänomen aufmerksam machen, was besonders Delfine und auch Wale zu schaffen macht.

Wie steht es um die von Menschen erzeugten Geräusche im Meer? Es wird berichtet, dass das Meer unter Wasser immer lauter wird durch die kommerzielle Schifffahrt, Ölförderung, Offshore-Windparks oder durch die Bewegungen von Marineschiffen. Das besondere Problem dabei ist, dass Geräusche im Wasser weiter transportiert werden als das Licht. Hinzu kommt noch, dass Geräusche im Wasser sich vier Mal schneller verbreiten als durch die Luft [5].

Seismische Untersuchungen zeigten, dass Lärmpegel von 20 dB (was einem Blätterrauschen entspricht) innerhalb einer Fläche von 300.000 km^2 vernommen werden können [6]. Bei marinen Säugetieren wurden noch in einer Entfernung von 70 km auf Geräusche mit Verhaltensänderungen reagiert [7]. Stoßartige Geräusche, die bei Rammarbeiten entstehen, wie beispielsweise bei der Anlage von Fundamenten in einem Offshore-Windpark, haben eine Ausbreitung von bis zu 40 km [8].

Basierend auf Satellitenhöhenmessungen hat die Schifffahrt zwischen 1992 und 2012 um den Faktor vier zugenommen, wobei der indische Ozean einen noch höheren Schiffsverkehr zu verzeichnen hat [9]. Es gibt Berichte von gestrandeten Delfinen, verursacht durch die Beeinflussung von mittelfrequentem Sonar (3250–3450 Hz), das speziell von U-Booten bei Übungen eingesetzt wird [10]. Diese Frequenzen können bei Delfinen einen zeitweiligen Hörverlust verursachen. Schon vor mehr als 20 Jahren wurde berichtet, dass massenweise Delfine bei der Anwendung von mittelfrequentem Sonar, unmittelbar nach Militärübungen, an einen Strand gespült worden sind [11]. Diese Störungen können nicht nur einen Hörverlust, einschließlich seiner Folgen, bewirken, sondern auch die Fortpflanzung, die Aufgabe eines Lebensraumes, Störungen in den sozialen Beziehungen (besonders durch Trennungen der Mutter-Kalb-Beziehung) verursachen [12]. Es gibt Beobachtungen, dass Delfine bereits ihre Stimmgebung an den wachsenden Lärm angepasst haben[13], genauso wie bereits Primaten, Vögel, und auch Fledermäuse. Das scheint mittlerweile eine weltweit verbreitete Praxis zu sein. Unter dem Lärm verändern Delfine auch ihre Töne. Sie verlaufen dann unterhalb der normalen Frequenz, werden also tiefer. Auch vereinfachen sie ihre Rufe. Das geht aber auf Kosten der Qualität der Signale. Finnwale (*Balaenoptera physalus*) senkten die Bandbreite, die Peak-Frequenz (die Frequenz im Maximum des Spektrums) und die Mittenfrequenz (Mittelwert zwischen beiden Grenzwerten) ihrer Stimmgebung als Folge der Hintergrundgeräusche von großen Tankschiffen [14]. Es wurden auch schon Beobachtungen gemacht, dass bei marinen Säugetieren, zu denen Delfine und Wale gehören, die Kommunikation innerhalb einer Art abnimmt, Sie kann sogar für Wochen oder Monate ganz ausfallen [15]. Dies kann dann zu den oben beschriebenen Schädigungen der sozialen

Beziehungen führen, wie es sie bereits auch bei Vögeln gibt [16]. Es gibt Berichte, dass durch große Überseeschiffe Delfine ihr Territorium verlassen, oder beginnen sprunghaft ihre Reiseroute zu verändern oder erhöhen in der Nähe der Schiffe ihre Geschwindigkeit [17]. Der Lärm in den Meeren wird wahrscheinlich noch weiter steigen, weil zum einen der Schiffsverkehr zunehmen wird (Stichwort Flüssiggas) und zum anderen auch die Offshore-Windenergie einen steigenden Anteil dabei haben wird. Wie kann man dem begegnen? Zum Beispiel durch Tempolimits bei Schiffen oder mit leiseren Antrieben (so wie im Flugzeugbau vorgesehen). Das sind aber wohl noch zu naive Vorstellungen.

Literatur

1. Holsbeek L, Siebert U, Joiris CR (1998) Heavy metals in dolphins stranded on the French Atlantic coast. Sci Total Environ 217(3):241–249
2. Meador JP, Ernest D, Hohn AA, Tilbury K, Gorzelany J, Worthy G, Stein JE (1999) Comparison of elements in bottlenose dolphins stranded on the beaches of Texas and Florida in the Gulf of Mexico over a one-year period. Arch Environ Contam Toxicol 36:87–98
3. Terracciano G, Fichi G, Comentale A, Ricci E, Mancusi C, Perrucci S (2020) Dolphins stranded along the tuscan coastline (Central Italy) of the "pelagos sanctuary": A parasitological investigation. Pathogens 9(8):612
4. Belliere EN, Esperón F, Arbelo M, Muñoz MJ, Fernández A, Sánchez-Vizcaíno JM (2010) Presence of herpesvirus in striped dolphins stranded during the cetacean morbillivirus epizootic along the Mediterranean Spanish coast in 2007. Arch Virol 155:1307–1311
5. Urick RJ (1983) Principles of underwater sound. McGraw-Hill, New York
6. IWC (International Whaling Commission) (2005) Report of the scientific committee. Annex K. Report of the standing working group on environmental concerns. J Cetac Res Manage (Suppl) 7:267–305
7. Finley KJ, Miller GW, Davis RA, Greene CR (1990) Reactions of belugas (Delphinapterus leucas) and narwhals (Monodon monoceros) to ice-breaking ships in the Canadian High Arctic. Can Bull Fish Aquat Sci 224:97–117
8. Hastie G, Merchant ND, Götz T, Russell DJ, Thompson P, Jani VM (2019) Effects of impulsive noise on marine mammals: investigating range-dependent risk. Ecol Appl 29(5):e01906
9. Tournadre J (2014) Anthropogenic pressure on the open ocean: the growth of ship traffic revealed by altimeter data analysis. Geophys Res Lett 41:7924–7932
10. Mooney TA, Nachtigall PE, Vlachos S (2009) Sonar-induced temporary hearing loss in dolphins. Biol Lett 5(4):565–567
11. Fernandez A, Edwards JF, Rodriguez F, Espinosa A, Herraez P, Castro P, Jaber J, Martin V, Arbelo M (2005) Gas and fat embolic syndrome' involving a mass stranding of beaked whales (family Ziphiidae) exposed to anthropogenic sonar signals. Vet Pathol 42:446–457
12. Houser DS, Martin SW, Finneran JJ (2013) Exposure amplitude and repetition affect bottlenose dolphin behavioral responses to simulated mid-frequency sonar signals. Journal of Experimental Mar Biol Ecol 443:123–133
13. Fouda L, Wingfield JE, Fandel AD, Garrod A, Hodge KB, Rice AN, Bailey H (2018) Dolphins simplify their vocal calls in response to increased ambient noise. Biol Lett 14(10):20180484
14. Castellote M, Clark C, Lammers M (2012) Acoustic and behavioural changes by fin whales (Balaenoptera physalus) in response to shipping and airgun noise. Biol Conserv 147:115–122

15. Weilgart LS (2007) A brief review of known effects of noise on marine mammals. Int J Comp Psychol 20(2):159–168
16. Schroeder J, Nakagawa S, Cleasby IR, Burke T (2012) Passerine birds breeding under chronic noise experience reduced fitness. PLoS ONE 7:e39200
17. Pérez-Jorge S, Gomes I, Hayes K, Corti G, Louzao M, Genovart M, Oro D (2016) Effects of nature-based tourism and environmental drivers on the demography of a small dolphin population. Biol Conserv 197:200–208

Kapitel 17
Selbstmedikation

Zusammenfassung Die Selbstmedikation bei Wildtieren ist noch ein junger Wissenschaftszweig, der erst 1987 eingeführt worden ist. Bestimmte Pflanzen, aber auch andere Substanzen, die keine Nährstoffeigenschaften haben, werden zur Vorbeugung und zur Behandlung von Krankheiten von Wildtieren eingenommen. Diese Selbstmedikation kann bei einer großen Artenzahl beobachtet werden, ausgehend von Insekten bis hin zu den Bären, Gänsen oder Leoparden. Über alle steht aber der Affe, der den klarsten wissenschaftlichen Nachweis für eine Selbstmedikation erbringt. Thematisiert wird hier noch die Geophagie, nämlich das Konsumieren von mineralischen Stoffen, wie Erde oder kleine Steine von Allesfressern, Vögeln, Reptilien und von Insekten. Gründe für die Geophagie sind zum einen die Regulierung des pH-Wertes im Darm und zum anderen die Aufnahme von Spurennährstoffen.

Die Zoopharmakognosie oder Selbstmedikation durch Tiere ist ein neuer Wissenschaftszweig und wurde formal 1987 eingeführt [1]. Sie beschreibt den Prozess bei dem Wildtiere Stoffwechselprodukte von Pflanzen bewusst auswählen und bei sich selbst einsetzen [2]. Aber auch andere Substanzen, die keine Nährstoffeigenschaften haben, werden zur Vorbeugung und zur Behandlung von Krankheiten von Wildtieren selbst eingenommen [3]. Schon zu prähistorischen Zeiten haben Menschen das Verhalten von Tieren beobachtet, wenn es darum ging, die richtige Pflanzenmedizin zu verwenden. Aber selbst Tiere beobachteten andere Tiere um zu lernen, welche Substanzen bei welchen Krankheiten helfen [4]. Diese Interaktionen fanden innerhalb einer Art, aber auch zwischen verschiedenen Arten statt. Die Selbstmedikation kann auf zwei Weisen stattfinden, nämlich a) prophylaktisch oder b) therapeutisch. Mit anderen Worten: Wildtiere versuchen sich zu helfen, so wie Menschen es auch tun.

Eine der größten gesundheitlichen Probleme bei Wildtieren sind Parasiten. Hier ist zunächst der effektivste Weg der Heilung der Wechsel des Futterplatzes. Die Wahl des Futters durch Pflanzenfresser kann auch interpretiert werden als ständiges Streben nach energiehaltigen Substanzen in der Wildnis, gefolgt vom

© Der/die Autor(en), exklusiv lizenziert an Springer-Verlag GmbH, DE, ein Teil von Springer Nature 2023

G. Gellert, *Die Wildnis und wir: Geschichten von Intelligenz, Emotion und Leid im Tierreich*, https://doi.org/10.1007/978-3-662-68031-5_17

Streben eines gut funktionierenden Gleichgewichtes im Innenleben eines Wild-
tieres [5]. Pflanzenfresser sind auch in der Lage Substanzen zu verdauen, um
Krankheiten vorzubeugen oder zu heilen [3]. Die Selbstmedikation kann bei einer
großen Zahl von Wildtierarten beobachtet werden, ausgehend von Insekten bis
hin zu den Bären, Gänsen oder Leoparden. Über alle steht aber der Affe, der den
klarsten wissenschaftlichen Nachweis für Selbstmedikation liefert [4].

Diese Beispiele können niemanden überraschen, da die Bewahrung der
Gesundheit als eine der Prinzipien für das Überleben von Menschen und Tieren
gilt. Zwei Formen des therapeutischen Verfahrens haben bei Feldversuchen die
meiste Aufmerksamkeit erregt. Es handelt sich zum einen um das „Kauen" von
bitterem Mark von Stängeln (das weiche Zellgewebe im innersten von Sprossen)
und zum anderen um das „Schlucken" von Blättern. Zwischen den Primaten
gibt es zwei Parasiten, die mit diesen Methoden bekämpft werden, nämlich ein
Rundwurm *(Oesophagostomum stephanastomum)*, der Knötchen in der Darm-
wand des Wirtes verursacht und der Bandwurm, ein bekannter Darmparasit
(Bertiella studeri), der auch bei Menschen bekannt ist. Das Problem dabei ist,
dass wiederholte Infektionen dieser Art, die in der Wildnis durchaus üblich sind,
Komplikationen verursachen können, einschließlich sekundärer bakterieller
Infektionen, Durchfälle und Darmbeschwerden [6]. Die Hypothese, dass das
bittere Mark von Pflanzenstängeln einen medizinischen Wert hat, ist zunächst
nur durch Verhaltensbeobachtungen festgestellt worden. Wurde offensicht-
lich kranken Schimpansen mit einer parasitologischen Diagnose die Pflanze
Vernonia amygdalina verabreicht, waren sie nach 20 h wieder symptomfrei [7].
Das interessante daran ist, dass diese Pflanze weder häufig noch gleichmäßig in
ihrem Revier verteilt ist [8]. Die Nutzung dieser Heilpflanze bedeutete für die
Schimpansen einen Umweg von ihren sonst bevorzugten Trampelpfaden. Dieser
Aufwand ist es ihnen aber wert.

Wenn Schimpansen auf das Mark der fleischartigen Triebe der Pflanze
Vernonia amygdala kauen, entfernen sie zuvor sorgfältig die Rinde und die
Blätter und extrahieren nur den extrem bitteren Saft. Interessanterweise wieder-
holten die Schimpansen diese Prozedur am selben Tag kein zweites Mal, noch
nicht einmal in derselben Woche, geschuldet der Giftigkeit dieses Extraktes.
Adulte Schimpansen in der Nähe eines Kranken, zeigten kein Interesse, dieses
Mark auch zu kauen. Obwohl die Pflanze das ganze Jahr über zur Verfügung
steht, wird sie nur regelmäßig während der Regenzeit genutzt, wenn der Rundwurm *(Oesophagostomum stephanastomum)* wieder virulent ist [8]. Eine deut-
liche Besserung der Symptome zeigt sich schon innerhalb von 20 bis 24 h nach
dem Kauvorgang. Chemische Analysenergebnisse zeigten, dass in diesem Mark
Substanzen aus der Gruppe der Sesquiterpenlaktone vorkommen [9]. Diese
Substanzgruppe ist sehr bekannt für ihre Wirkung gegen Würmer und Amöben
und auch für ihre antibiotischen Eigenschaften.

Das Schlucken von Blättern wurde zuerst bei den großen Affen beobachtet
[10]. Diese Blätter der Arten *Aspilia mossambicensis, A. pluriseta* und *A. rudis*
dienen nicht zu Ernährungszwecken, weil sie unverdaut in den Exkrementen

wiedergefunden werden. Was hat es dann mit diesen Blättern auf sich? Die Blatt-oberfläche ist rau und mit steifen Härchen überzogen. Diese Härchen bestehen aus Silikat-Verbindungen und sind daher schwierig verdaut zu werden. Bei den Härchen handelt es sich um eine defensive Methode der Pflanze um zu ver-hindern gefressen zu werden. Diese Blätter scheinen offensichtlich die Zahl der Rundwurm- und Bandwurminfektionen drastisch zu senken, indem die Blätter die Würmer regelrecht aus dem Darm der Schimpansen physisch hinausdrängen [11]. Diese Art der Parasiteninfektionskontrolle beruht auf einen physikalischen Mechanismus, der die Parasiten aus dem Darm treibt durch eine selbstinduzierte Steigerung der Darmmobilität, sozusagen als eine Form der Entschlackung. Da die Rauheit der Blätter es schwierig macht sie zu schlucken, werden sie zuvor mit der Zunge und mit dem Gaumen gefaltet, bevor sie geschluckt werden. Das ist auch der Grund, warum sie nicht verdaut werden. Ein Individuum kann zwischen 1 und 100 Blätter schlucken, und dieses einmal pro Tag oder auch an mehreren Tagen hintereinander. Schimpansen schlucken diese Blätter einige Stunden nach dem Aufstehen und vor der ersten Mahlzeit, also noch auf leerem Magen [11].

Vögel reiben sich zerkleinerte Ameisen in ihr Gefieder, und es gibt sogar Vogelarten, die Ameisen über ihr Gefieder laufen lassen, indem sie sich auf ein Ameisennest setzen. Dieses Verhalten ist bei über 200 Singvogelarten bekannt. Das Ziel dabei ist, Symptome einer gereizten Haut zu lindern und die Anzahl von Ektoparasiten, wie beispielsweise Vogelmilben, zu verkleinern. Die meisten ver-wendeten Ameisenarten enthalten nämlich Ameisensäure. Diese Säure ist sehr schädlich für Vogelläuse [12]. Obwohl die Nutzung von Ameisen zunächst nur bei Vögeln beobachtet worden ist, sind jetzt auch einige Säugetierarten auf diese „Idee" oder aufgrund von Beobachtungen gekommen.

Bis zum heutigen Tag kennen wir 50 Vogelarten, die ihr Nest mit frischem Pflanzenmaterial auskleiden, das nicht Teil der Nestkonstruktion ist. Es wurde festgestellt, dass diese Pflanzen reich an flüchtigen chemischen Verbindungen sind und deshalb von den Vögeln genutzt werden, um Ektoparasiten abzuwehren oder sie zu töten [13]. Außerdem verhindern diese Blätter den Schlupferfolg von Vogelläusen und das Bakterienwachstum.

Die Ameisen der Art *Formica paralugubris* tragen oft große Mengen an ver-festigten Harzen von Nadelbäumen in ihr Nest. Es stellte sich heraus, dass das Harz das Wachstum von krankheitserregenden Mikroorganismen im Nest auf diese Weise verhindern lassen [14].

Thematisiert werden sollte hier noch die Geophagie, nämlich das Konsumieren von mineralischen Stoffen, wie etwa Erde oder kleine Steine von Allesfressern, Vögeln, Reptilien und von Insekten. Dieses Verhalten wurde im Zusammenhang mit der Selbstmedikation bei Makaken *(Macaca fuscata)* in Japan, bei Berg-gorillas *(Gorilla gorilla)*, Schimpansen *(Pan troglodytes)* und bei Afrikanischen Elefanten *(Loxodonta africana)* beobachtet. Gründe für die Geophagie sind den pH-Wert im Darm stabil zu erhalten, Spurennährstoffe aufzunehmen, den Hunger nach Natrium zu stillen und Darmbeschwerden zu bekämpfen, wie etwa Durchfall [15].

Literatur

1. Ansari MA, Khandelwal N, Kabra M (2013) A review on zoopharmacognosy. Health Care 2(3):4
2. Alvaro MM, Luis RR, de Lollan S, Joaquin P (2019) The origins of zoopharmacognosy: how humans learned about self-medication from animals. Int J Appl Res 5:73–79
3. Villalba JJ, Provenza FD (2007) Self-medication and homeostatic behaviour in herbivores: learning about the benefits of nature's pharmacy. Animal 1(9):1360–1370
4. Huffman MA (2003) Animal self-medication and ethnomedicine: exploration and exploitation of the medicinal properties of plants. Proc Nutr Soc 62:371–381
5. Provenza FD, Villalba JJ (2006) Foraging in domestic herbivores: linking the internal and external milieux. In: Bels V (Hrsg) Feeding in domestic vertebrates: from structure to behavior. S 210–240. CABI Publishing, Oxfordshie UK
6. Huffman MA (1997) Current evidence for self-medication in primates: A multidisciplinary perspective. American Journal of Physical Anthropology: The Official Publication of the Am J Assoc Phys Anthropol 104(S25):171–200
7. Huffman MA, Gotoh S, Izutsu D, Koshimizu K, Kalund MS (1993) Further observations on the use of the medicinal plant, *Vernonia amygdalina* (Del) by a wild chimpanzee, its possible effect on parasite load, and its phytochemistry. Afr Study Monogr 14(4):227–240
8. Huffman MA & Seifu M (1989) Observations on the illness and consumption of a possibly medicinal plant *Vernonia amygdalina* (Del.), by a wild chimpanzee in the Mahale Mountains National Park, Tanzania. Primates 30(1):51–63
9. Koshimizu K, Ohigashi H, Huffman MA (1994) Use of *Vernonia amygdalina* by wild chimpanzee: possible roles of its bitter and related constituents. Physiol Behav 56(6):1209–1216
10. Huffman MA (2015) Chimpanzee self-medication: a historical perspective of the key findings. Mahale Chimpanzees 50:340–353
11. Huffman MA, Caton JM (2001) Self-induced increase of gut motility and the control of parasitic infections in wild chimpanzees. Int J Primatol 22:329–346
12. Clayton DH, Wolfe ND (1993) The adaptive significance of self-medication. Trends Ecol Evol 8:60–63
13. Wimberger PH (1984) The use of green plant material in bird nests to avoid ectoparasites. Auk 101:615–618
14. Christe P, Oppliger A, Bancalá F, Castella G, Chapuisat M (2003) Evidence for collective medication in ants. Ecol Lett 6:19–22
15. Engel C (2002) Wild Health: How animals keep themselves well and what we can learn from them. Houghton Mifflin Publishers, New York

Kapitel 18
COVID-19

Zusammenfassung Es ist immer noch nicht wissenschaftlich bewiesen, dass das Virus mit dem Namen „COVID-19" von Fledermäusen auf die Menschen übergesprungen ist. Für die Menschheit bedeutet diese Pandemie nicht nur eine Katastrophe, sondern auch die Möglichkeit, sich neu zu erfinden. Auf ironischer Weise kann das Sozialverhalten eben dieser Fledermäuse uns aufzeigen, wie bei uns die Problemlösung, neben der Entwicklung von Impfstoffen, auf sozialer Ebene aussehen könnte. Wie die Situation auch aussehen mag, es gibt Optionen auf allen Ebenen. Die Pandemie sollte als einen kreativen Moment wahrgenommen werden, um das Hauptaugenmerk auf die Zukunftsaufgaben zu lenken.

Die meisten Wissenschaftler stimmen der These zu, dass das Virus mit dem Namen „COVID-19" von den Fledermäusen auf die die Menschen übergesprungen ist. Auf eine ironische Weise könnte nun das Sozialverhalten dieser Fledermäuse uns helfen, eine Menge der daraus entstandenen kollektiven Probleme zu lösen. COVID-19 ist ein verstörender Faktor, der uns eine Menge neue Herausforderungen gebracht hat, wie etwa eine fundamentale Änderung unseres Verhaltens. Schaut man auf die globale COVID-19-Landkarte, muss man sich schon über die große Vielfalt der Antworten darauf von Land zu Land wundern. Soziologen fanden heraus, dass einige Gesellschaften durch eine straffe Kultur charakterisiert sind mit strengen Normen und Sanktionen bei Verletzungen. Andere Gesellschaften zeigen dagegen eine lose und freizügigere Kultur mit schwächeren Standards. Studien legten offen, dass in straffen Kulturen fünf Mal weniger COVID-19-Fälle zu finden waren als in lockereren Gesellschaften (1.400 Fälle gegenüber 7.100 Fällen jeweils pro eine Million Einwohner). In Bezug auf Todesfälle lag die Rate bei 21 Mio. in straffen Kulturen und bei 183 Mio. in lockeren Gemeinschaften (diese Zahlen stammen vom Oktober 2020). Wie diese Zahlen vermuten lassen, koordinieren straffe Gruppen die Aktivitäten besser und haben so bessere Erfolgsaussichten als lockerere Gesellschaften. Also, was braucht man, um die Art der straffen Kultur zu erreichen, wonach die COVID-19-Situation regelrecht schreit? Es ist das strategische Denkvermögen, die Fähigkeit komplette

© Der/die Autor(en), exklusiv lizenziert an Springer-Verlag GmbH, DE, ein Teil von Springer Nature 2023

G. Gellert, *Die Wildnis und wir: Geschichten von Intelligenz, Emotion und Leid im Tierreich*, https://doi.org/10.1007/978-3-662-68031-5_18

Notiz von der verheerenden Größenordnung der Pandemie zu nehmen und noch in
der Lage zu sein, Gelegenheiten zu identifizieren für das Wohlergehen und für die
eigene Entwicklung. Egal, wie die Situation ist, es gibt Optionen auf allen Ebenen.
Die bedeutendste ist, kooperative und konstruktive Handlungen einzuleiten. Hier
kommt auch der private Sektor ins Spiel. Steigt in der Krise bei bestimmten Unternehmen die Nachfrage für ihre Produkte und Dienstleistungen, kommen sie in
eine vorteilhafte Position und könnten beeinträchtigte Bereiche der Gesellschaft
unterstützen, indem sie die unerwarteten Überschüsse nutzen, um die Folgen für
kränkelnde Sektoren der Ökonomie abzuschwächen. Das sollte nicht schwierig
zu bewerkstelligen sein. Dazu müsste man nur einen Mittelwert der Verkäufe und
Gewinne der letzte fünf Jahre vor der Pandemie bilden und sie vergleichen mit den
Verkäufen und Gewinne während der Pandemie. Der außerordentliche Überschuss
könnte Sektoren der Wirtschaft helfen, die während der Pandemie ins Schlingern
geraten sind. Das gilt aber nicht für Geschäfte, die bereits vor der Pandemie in
Schieflage geraten waren. So haben die Begünstigten der Pandemie einen Anreiz
freiwillig dazu beizutragen, die entstandenen Ungleichgewichte zu reduzieren. Die
erreichte ökonomische Stabilität und Nachhaltigkeit wären auch vorteilhaft für
sie. Die hier vorgestellte Idee ist in der Tat ein durchführbarer Vorschlag. Unlängst
hatte der Amazon-Gründer Jeff Bezos die Idee, die Steuern bei den Wohlhabenden
zu erhöhen. Geschäftsführer von großen Unternehmen betreiben Öffentlichkeits-
arbeit für mehr ökonomische Gerechtigkeit. Großzügigkeit in Krisenzeiten ist
eine Investition in die Zukunft. Für uns ist in einer Pandemie die Zeit gekommen,
neue Möglichkeiten auszukundschaften oder neue Projekte in Angriff zu nehmen.
Die schiere Verlangsamung und auferlegte Muße ist für die Menschen auch
eine Bereicherung. Es gibt für jeden Menschen so viele Möglichkeiten, wenn
man unter dem Lack der negativen Aspekte der Pandemie kratzt. Für Politiker
bedeutet es, dass die Unsicherheiten reduziert werden müssen, und vielleicht noch
wichtiger, die Pandemie sollte auch als einen kreativen Moment wahrgenommen
werden um zum Beispiel das Hauptaugenmerk mehr auf den Übergang in eine
digitalisierte Gesellschaft zu richten. Die vorgeschlagenen Lösungen basieren
letztlich auf Kooperation, ein Mechanismus über den die Sozialwissenschaftler
sagen, dass er essentiell ist, um in Gruppen zu leben.

Apropos Kooperation: in Costa Rica und in Panama leben Fledermäuse, die
Blut saugen. Um zu überleben, benötigen sie alle 24 h etwas Blut. Es ist ein harter
„Job", jede Nacht herauszufliegen, um oft hungrig wieder zurückzukehren, wenn
sie kein Blut gefunden haben. In einem beeindruckenden Beispiel von natür-
licher Kooperation, teilen die erfolgreichen Fledermäuse das Blut mit den weniger
begünstigten und hungrigen Artgenossen. Auf diese Weise wird das Gruppenüber-
leben nachhaltig gesichert. Die Fledermauskolonien haben aber soziale Kontroll-
mechanismen. Nicht-kooperative Fledermäuse, die ihr Futter nicht teilen, werden
in Schach gehalten, und wenn sie eines Nachts selbst hungrig zurückkommen,
erfahren sie keine Unterstützung von der Gruppe mehr. Das Prinzip ist wechsel-
seitig: „ich biete an, so dass Du mir gibst". Auf diese Weise säubert die Gruppe
unkooperative Mitglieder durch das Prinzip „Leistung und Gegenleistung", die
eine unentbehrliche Kooperation sicherstellt. In Anlehnung an die Spieltheoretiker

ist dieses Verhalten dafür wie geschaffen, Win–win-Situationen herbeizuführen, genauso wie die zusammenarbeitenden Wissenschaftler neue innovative Methoden entwickelten, um Impfstoffe in einer kurzen Zeit herzustellen. Die Herausforderung ist, Gelegenheiten zu finden, um nachhaltige Kulturen zu entwickeln, die uns fit genug für die Herausforderungen der Zukunft machen. Durch eine ironische Wendung des Lebens, können wir von den Fledermäusen lernen unsere eigenen Probleme zu lösen, die sie, nach Aussage der Epidemiologen, für uns Menschen geschaffen haben [1].

Literatur

1. Young JH (2021) Learning from the bats: Cooperation a fundamental sustainability principle. Institutional Knowledge at Singapore Management University

Kapitel 19
Klimawandel (und die Rolle der Wildtiere)

Zusammenfassung Die Abnahme bezogen auf die Häufigkeit und auf die geographische Verbreitung von Wildtieren ist eine der markantesten Merkmale des vom Menschen verursachten Klimawandels. Aber auf einem möglichen Beitrag von großen Wildtieren zu positiven Veränderungen auf diesem Schauplatz wurde noch nicht hingewiesen. Die Anwesenheit von Wildtieren kann nämlich die Folgen des Klimawandels abschwächen und die Leistungsfähigkeit eines Ökosystems beeinflussen. Werden die Belastungen durch den Klimawandel stärker, kommen besonders die großen Wildtiere ins Spiel. Den größten Effekt auf Ökosystemstrukturen werden durch Pflanzenfresser verursacht. Diese Effekte werden durch Raubtiere lediglich modifiziert. Die meisten dieser positiven Effekte hängen mit der Wildtiergröße zusammen, weil größere Tiere einen größeren Aktionsradius haben, die Nahrung länger im Darm verweilt und die Exkremente als Dünger so pflanzenverfügbarer sind.

Die Abnahme in Häufigkeit und geographische Verbreitung von Wildtieren ist eine der markantesten Merkmale des vom Menschen verursachten Klimawandels. Die Abnahme der großen Wildtiere in der Anzahl und in ihrer funktionalen Vielfalt, führt auch zu Artenverlusten bei anderen Tiergruppen [1] und beeinträchtigt das Funktionieren des gesamten Ökosystems [2]. Die derzeitige Abnahme des Wildtierbestandes ist hauptsächlich auf Lebensraumverlust, -zerstörung, Raubbau, Eutrophierung (zu viel Düngemittel in Gewässern), Eindringen exotischer Arten und auf den Klimawandel zurückzuführen [3]. Jetzt gibt es die Überlegung vonseiten der Politik, den Verlust an Arten mit der Bekämpfung der Folgen des Klimawandels zu verbinden. Naturbasierte Lösungen haben an politischer Zugkraft bei internationalen Verhandlungen zur Artenvielfalt und zum Klimawandel gewonnen. Aber die meisten Eingriffe zum Klimawandel betrafen bisher das Management der Kohlenstoffspeicherung sowie das Management in größeren Reservaten, in der Vermeidung von Abholzungen, in der Wiederaufforstung und in der Wiederherstellung von Mooren [4]. Aber einem möglichen Beitrag von großen Wildtieren wurde auf diesem Schauplatz noch kaum Beachtung geschenkt. Große Wildtiere

© Der/die Autor(en), exklusiv lizenziert an Springer-Verlag GmbH, DE, ein Teil von Springer Nature 2023

G. Gellert, *Die Wildnis und wir: Geschichten von Intelligenz, Emotion und Leid im Tierreich*, https://doi.org/10.1007/978-3-662-68031-5_19

sind oft nur im Fokus eines speziellen Interesses, wenn es darum geht, Spenden zu sammeln, wegen ihrer besonderen Ausstrahlung.

Das übergeordnete Ziel muss sein, eine Plattform zu finden, auf der die Bewahrung der Wildnis und auch der Klimawandel mit seinen Folgen Platz finden. Es geht also hier um die Schaffung von Synergien. Dazu gibt es drei Fragen:

Erstens: wie kann die Anwesenheit von Wildtieren die Folgen des Klimawandels abschwächen und die Leistungsfähigkeit eines Ökosystems beeinflussen?

Zweitens: Gibt es zugrunde liegende biogeographische Strukturen und Richtlinien, die das Ausmaß der Größe und der Art des Einflusses von großen Tieren auf ökosystemare Prozesse bestimmen?

Drittens: Gibt es Möglichkeiten, die Maßnahmen für den Klimawandel und für die Biodiversität zugleich zu formulieren?

Große Tiere werden in der Literatur definiert als solche, die beim Gewicht zwischen 45 kg und 1.000 kg für Pflanzenfresser und zwischen 15 kg und 100 kg für Raubtiere liegen [5]. Große Raubtiere verändern das Ökosystem in der Weise, dass die Häufigkeit und Aktivität der kleinen bis mittelgroßen Pflanzenfresser beeinflusst wird, entweder durch Fraß oder durch Verhaltensänderungen [6]. Aber die Größe eines Tieres ist nicht immer ausschlaggebend, wenn etwa schon eine kleinere Art von etwa 20 bis 30 kg, wie zum Beispiel der Biber, in der Lage ist, durch Aufstauen ganze Ökosysteme auf weite Strecken in und in der Umgebung von Bächen, im positiven ökologischen Sinne radikal zu verändern.

Im Zusammenhang mit natürlichen Systemen definieren [7] die Entschärfung des Klimawandels lediglich als Handlungen, die den Strahlungshaushalt beeinflussen, zum Beispiel durch Veränderungen der Treibhausgaskonzentrationen oder durch das Vermögen größere Rückstrahleffekte zu verursachen. Klimafolgenanpassungen beziehen sich aber auch auf die Fähigkeit der Tier- und Pflanzenwelt, durch Resilienz (Widerstandsfähigkeit) oder durch Transformation (Wandel) auf die Belastungen zu reagieren. Resilienz bedeutet die Fähigkeit eines Systems, nach einer Belastung, zu seinem Ursprungszustand zurückzukehren. Eine Transformation bedeutet eine Verschiebung von einem Biomtyp zum anderen (beispielsweise von der Savanne zur Steppe), wobei einige Arten verschwinden, dafür aber andere kommen, also mit einer fundamentalen Reorganisation eines Ökosystems verbunden ist. Widerstand oder Resilienz werden unter moderaten Belastungen bevorzugt mit dem Schwerpunkt, die Ökosystemveränderungen zu bremsen und sie in Funktion zu halten.

Werden die Belastungen durch den Klimawandel stärker, kommen besonders die großen Wildtiere ins Spiel. Den größten Effekt auf Ökosystemstrukturen werden durch Pflanzenfresser verursacht. Diese Effekte werden durch Raubtiere lediglich modifiziert.

Weltweit entspricht die CO^2-Speicherung in wilden Säugetieren und Vögeln grob etwa nur dem weltweiten fossilen Brennstoffausstoß von acht Stunden. Die Gesamtmenge an CO^2-Speicherung in allen Tieren ist in etwa äquivalent einem Brennstoffausstoß von etwa zwei Monaten. Die Menge an CO^2-Speicherung in Wildtieren ist also vernachlässigbar gering. Deswegen ist es sinnvoller, sich mit den Effekten der tierischen Handlungen zu beschäftigen. Etwa 80 % der

CO^2-Speicherung in allen lebenden Organismen befindet sich in der Pflanzen-biomasse. Künftig können große Pflanzenfresser eine der tiefgreifendsten Auswirkungen auf den Kohlenstoffvorrat der Biosphäre und folglich auf die Abschwächung des Klimawandels haben, zum Beispiel durch ihren Einfluss auf die Vegetationsstruktur in Waldgebieten [8]. Auf der einen Seite mögen zwar in Ökosystemen mit einem offenen Kronendach große Pflanzenfresser den Kohlen-stoffvorrat verkleinern, etwa durch Fraß und Trittschäden [9], aber auf der anderen Seite optimieren sie die Biomassenproduktion durch Veränderungen der Zusammensetzung der Arten und durch eine schnellere Kompensation des Wachstums nach Fraßschäden, insbesondere in Bodennähe. Ein weiterer Aspekt ist die Steigerung der Bodenfruchtbarkeit durch die Ausscheidungsprodukte [10].

In geschlossenen Kronendächern, wie in tropischen Wäldern, können große Pflanzenfresser die Baumbiomasse steigern durch Reduzierung der Konkurrenz von jugendlichen Bäumen und durch Förderung von Baumarten mit großen Samen, die über eine lange Lebensdauer und eine große Biomasse verfügen [11]. Die Beschleunigung des Nährstoffkreislaufes durch Tiere ist ausgeprägter in kargeren Regionen, die durch Eis oder Trockenheit geprägt sind [12]. Die meisten dieser Prozesse hängen mit der Wildtiergröße zusammen, weil größere Tiere einen größeren Aktionsradius haben, die Nahrung länger im Darm verweilt und die Exkremente pflanzenverfügbarer sind [13]. In marinen Ökosystemen ist die CO^2-Speicherung durch Algen und Wasserpflanzen weniger signifikant für die Abschwächung der Folgen des Klimawandels, wegen der geringeren räumlichen Ausdehnung dieser Organismen und wegen ihrer viel kürzeren Lebenszeit. Auch wenn die CO^2-Speicherung durch Algen relativ gering ist, sind die Algen für 40 % des Pflanzenwachstums auf der Erde verantwortlich [14]. Das kurze Leben der Algen hat aber den Vorteil, dass der Algenkörper zu Boden sinkt und das darin gespeicherte CO^2 im Sediment verbleibt. Der Nachteil allerdings folgt auf dem Fuß. Tote Algen tragen zur Faulschlammbildung auf dem Meeresboden bei. Faul-schlamm ist als tierischer Lebensraum feindlich, weil er oft sauerstofffrei ist. Die darin lebenden Bakterien mineralisieren die organischen Bestandteile und ver-brauchen dabei den vorhandenen Sauerstoff.

Übrigens: Methan ist auch ein klimaschädliches Gas, das von Wiederkäuern, wie Rinder, ausgestoßen wird, aber dieser Effekt ist bei Ihnen zu gering, um klimawirksam zu sein [7].

Das Feuer ist zwar Teil einer natürlichen Dynamik vieler Ökosysteme, aber es trägt auch zur CO^2-Anreicherung in der Atmosphäre bei. Dazu kommen noch Stickoxyde (N_2O) und schwarze Aerosole. Abhängig vom Ernährungstyp und von der Häufigkeit können Pflanzenfresser die Intensität und das Ausbreiten von Feuer verhindern, durch Reduzierung der Biomasse (als Brennstoff) und durch das Graben und Trampeln des Bodens [15]. Außerdem formen Wildtiere Trampel-pfade und Pfützen, die als natürliche Barrieren gegen eine Feuerwalze dienen können [16].

Die Größenordnung und die Art von Pflanzenfressern verändern sich, je nach Geographie. In sehr trockenen ariden Gebieten mit niedrigen Temperaturen ist der Nährstoffkreislauf eingeschränkt [17]. Hier könnten Pflanzenfresser den

Nährstoffkreislauf ankurbeln, aber auch die Produktion von Pflanzenbiomasse unterdrücken. Sie stellen die stärkste wirkende Kraft dar [18]. In Lebensgemeinschaften von Tieren und Pflanzen (auch Biome genannt) mit mittlerer Produktivität und moderaten klimatischen Bedingungen, sind abiotische Faktoren wie Wasser, Licht, Nährstoffe bedeutend und interagieren mit Pflanzenfressern um die Gesellschaftsstruktur und -funktion zu formen. Hier ist das Feuer die am stärksten wirkende Kraft, aber auch andere Faktoren wie Wind, Hochwasser oder Massenbewegungen spielen eine Rolle. In sehr stark produktiven Systemen haben Tiere einen eher begrenzten direkten Einfluss auf die Vegetation, weil Fraßschäden schnell wieder durch Neubewuchs kompensiert werden. Außerdem können Pflanzen hohe Laubdächer bilden, die für Pflanzenfresser unerreichbar werden. Trotzdem verursachen Pflanzenfresser noch einen indirekten Langzeiteffekt durch die Verbreitung von Samen.

Zusammengefasst sind die Hauptmechanismen, hervorgerufen durch die großen Wildtiere, die die Anpassung an den Klimawandel beeinflussen, folgende:

1. Einfluss auf die Vegetationsstruktur, verbunden mit biophysikalischen Eigenschaften, Verbreitung von Pflanzen, Zunahme der Komplexität von Ökosystemen und Lebensraumvielfalt.
2. Förderung der Verbreitung von Wildtieren und Niederlassung von Pflanzen können Pflanzen dabei unterstützen, dem Klimawandel zu folgen.
3. Abwechslungsreiche Lebensräume haben ober- und unterirdisch mehr Kleinhabitate und kleinklimatische Verhältnisse, sodass bestimmte Arten, zumindest zeitweise, dort überdauern können.
4. Komplexe Ökosysteme mit einer längeren Nahrungskette von der Pflanze bis zum Raubtier zeigen eine höhere Resilienz gegenüber klimatischen Veränderungen. auch wegen der höheren Redundanz in der Nahrungskette, also mit vielen Pflanzenfresser- und Raubtierarten [19].

Obwohl es Win–Win-Situationen bei Eingriffen wegen der Folgen des Klimawandels und der abnehmenden Artenvielfalt gibt, sind auch Maßnahmen bedeutend, die nur bei der Biodiversität weiterhelfen und die Abschwächung der Folgen des Klimawandels nicht direkt unterstützen. Deswegen gilt es, die Synergieeffekte besonders hervorzuheben. Daher ist es wichtig, wenn Naturschutzmaßnahmen priorisiert werden, die Projekte aus den verschiedensten Richtungen zu betrachten, einschließlich der Abschwächung der Folgen des Klimawandels, nach der Förderung der Artenvielfalt, nach dem Schutz der Ökosystemdienstleistungen und nach der Verbesserung der Nachhaltigkeit der Entwicklungsziele.

Literatur

1. Donoso I, Sorensen MC, Blendinge PG, Kissling D, Neuschulz E, Mueller T, Schleuning M (2020) Downsizing of animal communities triggers stronger functional than structural decay in seed dispersal networks. Nat Commun 11:1582

2. Tella JL, Hiraldo F, Pacific E, Diaz-Luque J, Denes FV, Fontoura FM, Guedes N, Blanco G (2020) Conserving the diversity of ecological interactions: The role of two threatened macaw species as legitimate dispersers of "megafaunal" fruits. Diversity 12:4

3. Bakker ES, Svenning JC (2018) Trophic rewilding: impact on ecosystems under global change. Philos Trans R Soc Lond B: Bio Sci 373:20170432

4. Griscom BW, Adams J, Ellis PW, Houghton RA, Lomax G, Miteva DA, Fargione J (2017) Natural climate solutions. Proc Natl Acad Sci 114(44):11645–11650

5. Moleon M, Sánchez-Zapata JA, Donazar JA, Revilla E, Martin-Lopez B, Gutierrez-Canovas C, Tockne K (2020) Rethinking megafauna. Proc R Soc B 287(1922):20192643

6. Le Roux E, Marneweck DG, Clinning G, Druce DJ, Kerley GI, Cromsigt JP (2019) Top–down limits on prey populations may be more severe in larger prey species, despite having fewer predators. Ecography 42:1115–1123

7. Malhi Y, Lander T, le Roux E, Stevens N, Macias-Fauri M, Wedding L, Canney S (2022) The role of large wild animals in climate change mitigation and adaptation. Curr Biol 32(4):181–196

8. Schmitz OJ, Leroux SJ (2020) Food webs and ecosystems: Linking species interactions to the carbon cycle. Annu Rev Ecol Evol Syst 51:271–295

9. Jia S, Wang X, Yuan Z, Lin F, Ye J, Hao Z, Luskin MS (2018) Global signal of top-down control of terrestrial plant communities by herbivores. Proc Natl Acad Sci 115(24):6237–6242

10. Villar N, Paz C, Zipparro V, Nazareth S, Bulascoschi L, Bakke S, Galetti M (2021) Frugivory underpins the nitrogen cycle. Funct Ecol 35(2):357–368

11. Doughty CE, Wolf A, Morueta-Holme N, Jørgensen PM, Sande B, Violle C, Galetti M (2016) Megafauna extinction, tree species range reduction, and carbon storage in Amazonian forests. Ecography 39(2):194–203

12. Tuomi M, Stark S, Hoset KS, Vaisanen M, Oksanen L, Murguzur FJ, Tuomisto H, Dahlgren J, Brathen KA (2019) Herbivore effects on ecosystem process rates in a low-productive system. Ecosystems 22:827–843

13. Berti E, Svenning JC (2020) Megafauna extinctions have reduced biotic connectivity worldwide. Glob Ecol Biogeogr 29:2131–2142

14. Field CB, Behrenfeld MJ, Randerson JT, Falkowski P (1998) Primary production of the biosphere: integrating terrestrial and oceanic components. Science 281:237–240

15. Foster CN, Banks SC, Cary GJ, Johnson CN, Lindenmayer DB, Valentine LE (2020) Animals as agents in fire regimes. Trends Ecol Evol 35:346–356

16. Cardoso AW, Malhi Y, Oliveras I, Lehmann D, Ndong JE, Dimoto E, Abernethy K (2020) The role of forest elephants in shaping tropical forest–savanna coexistence. Ecosystems 23:602–616

17. Stanford G, Epstein E (1974) Nitrogen mineralization-water relations in soils. Soil Sci Soc Am J 38:103–107

18. Endara MJ, Coley PD (2011) The resource availability hypothesis revisited: a meta-analysis. Funct Ecol 25:389–398

19. Lefcheck JS, Byrnes JEK, Isbell F, Gamfeld L, Griffin JN, Eisenhauer N, Hensel MJS, Hector A, Cardinale BJ, Duffy JE (2015) Biodiversity enhances ecosystem multifunctionality across trophic levels and habitats. Nat Commu 6:6936

Kapitel 20
Zukunftsaussichten für die Wildnis

Zusammenfassung Nachdem in einigen Kapiteln auch die Schattenseiten des Wildtierlebens gezeigt worden sind, stellt sich nun die Frage, was machen wir mit diesen Erkenntnissen? Sollten wir eine Verbesserung der Lage für Wildtiere herbeiführen und wie könnte sie aussehen? Argumente werden hin und her gewendet ohne ein abschließendes Ergebnis anzubieten.

Die Zahl der wilden Tierarten, auf die die Menschheit einwirkt, ist Gott sei Dank immer noch groß genug, dass Fürsprecher sich noch laut bemerkbar machen, ihre Lage zu verbessern.

Ein Merkmal, das bei uns Menschen mehr Beachtung finden könnte, wäre das intensive Leiden in der Wildnis. Das verlangt zwar von uns nicht eine sofortige Intervention, aber Langzeitforschungen zum Wohlergehen der wilden Tiere einzuleiten könnten uns eines Tages in die Lage versetzen, echte Verbesserung für die Tierwelt in der Wildnis zu erreichen [1]. Der Maßstab des tierischen Leidens ohne und durch die menschliche Hand ist riesig und die Anwälte der Tierwelt sind zurecht entsetzt.

20.1 Konflikte wegen Wildtieren

Zusammenfassung Konflikte zwischen Menschen und Wildtieren gab es schon immer und gelten heute als eine der größten Bedrohungslagen für das Überleben von vielen Tierarten in den verschiedenen Teilen dieser Welt. Eine besondere Bedeutung hat heutzutage die zunehmende Raumnot. In Deutschland werden zum Beispiel pro Tag immer noch etwa 78 Fußballfelder für Verkehr und Siedlungen „verbraucht". Viele Straßen und Schienen verlaufen zudem quer zu Wildtierhabitaten und verursachen Verinselung, verbunden mit der Gefahr von Inzuchterscheinungen. Schwere Dürren oder Überschwemmungen verringern die Qualität der tierischen Lebensräume und zwingen die Wildtiere dazu, landwirtschaftlich betriebene Flächen aufzusuchen.

© Der/die Autor(en), exklusiv lizenziert an Springer-Verlag GmbH, DE, ein Teil von Springer Nature 2023
G. Gellert, *Die Wildnis und wir: Geschichten von Intelligenz, Emotion und Leid im Tierreich*, https://doi.org/10.1007/978-3-662-68031-5_20

Konflikte zwischen Menschen und Wildtieren bestehen schon seit Anbeginn der Menschheit und gelten heute und in der Zukunft als eine der größten Bedrohungslagen für das Überleben von vielen Tierarten in den verschiedenen Teilen dieser Welt [2].

Das größte Problem ist, wie schon diverse Male erwähnt, die zunehmende Raumnot. Vor allem in Afrika expandiert die menschliche Population besonders schnell und gleichzeitig schrumpfen die natürlichen Lebensräume mit dem Ergebnis, dass die Konflikte um eben diesen Lebensraum zunehmen.

Eingriffe in Waldgebieten für die Landwirtschaft, raumplanerische Aktivitäten (wie etwa für Straßen, Schienen, Bauprojekte oder Energieerzeugung) und für die Weideviehhaltung sind einige der wesentlichen Gründe für die schrittweise zunehmenden Konflikte, beispielsweise in Kenia, Namibia, Mozambique, Sambia oder in Nigeria. Aber auch bei uns in Deutschaland sieht es nicht gut aus. Immer noch werden pro Tag etwa 55 Fußballfelder für Verkehr und Siedlungen „verbraucht" [3].

Diese Konflikte bringen negative Folgen, wie das Sterben von Tieren, den Verlust menschlichen Lebens, Ernteverluste, Schäden am Eigentum und Verletzungen bei Tier und Mensch. Viele Straßen und Schienen verlaufen zudem quer zu den Wildtierhabitaten und verursachen dort viele Todesfälle. Durch diese Art der Verinselung besteht auch die Gefahr von Inzuchterscheinungen (Fortpflanzung unter nahe Verwandten).

In Afrika wandern viele Stämme traditionell mit ihrem Vieh durch die Lande. Das gilt für die „Fulanis" in West Afrika, für die „Massai" in Ostafrika und für die „Bantus" im südlichen Afrika. Diese Volksgruppen betreiben Viehzucht und bewegen ihre Tiere von einem Ort zum anderen, auf der Suche nach Wasser und Gras in- und außerhalb ihrer Landesgrenzen. Während ihren Viehwanderungen werden die Tiere von Wildtieren (Löwen, Leoparden oder Hyänen) angegriffen. Hinzu kommt noch die erwähnte Bevölkerungsexplosion, die zu einer unkontrollierten Ausbreitung von Siedlungen in das Weideland und in die Areale der Wildtiere geführt hat und Konflikte heraufbeschwört. Paviane beispielsweise überfallen Gärten, Nahrungsmitteldepots und Campingplätze und können so zu einer enormen Plage werden, besonders in kleineren Siedlungen [2].

Auch die Folgen des Klimawandels erhöhen die Anzahl der Konflikte zwischen Menschen und Wildtieren. Die Folgen des Klimawandels sind Überflutungen, schwerer Regen, Veränderungen im Niederschlagsmuster, hohe Temperaturen, Trockenheit, steigende oder fallende Binnenseepegel und die Zunahme von Klimaflüchtlingen [4]. In Nigeria führte die Hochwassersituation im Jahre 2012 dazu, dass Krokodile, Flusspferde und Schlangen plötzlich in Dörfern und Wohnungen auftauchten. Schwere Dürren in Teilen des Kontinents verringern die Qualität der tierischen Lebensräume und zwingen die Wildtiere dazu, landwirtschaftlich betriebene Flächen aufzusuchen. Darüber hinaus änderte der Klimawandel die Wanderungsrouten und Zeitplanung von Tierarten, die saisonale Feuchtgebiete und saisonale Wechsel in der Vegetation nutzen müssen. Deswegen gab es in letzter Zeit besonders viele Konflikte mit Elefanten.

20.2 Wie geht es mit den Wildtieren weiter?

Zusammenfassung Nachdem in diesem Buch nun genügend Raum für das stressige und gefährliche Leben der Wildtiere beansprucht worden ist, stellt sich die Frage, was machen wir mit diesem Wissen? Mit welchen Beschränkungen haben die Tiere in der Zukunft noch zu leben? Umweltbelastungen beeinträchtigen nämlich das Aussehen, die Physiologie und das Verhalten von Organismen auf die verschiedenste Weise.

Etwa 80 % der Tierarten auf unserem Planeten sind Insekten. Besonders hervorzuheben ist hier, dass Insekten Blüten befruchten und ihr Ausfall auch für die Menschheit katastrophale Folgen hätte. Auf jeden Fall können größere und mehr in Verbindung stehende geschützte Gebiete hier weiterhelfen, und vor allem auch die Folgen des Klimawandels bremsen.

Es ist nun allgemein bekannt, dass die Lebensräume zu Land oder zu Wasser für viele Wildtierarten immer unangenehmer werden. Das scheint den Menschen bisher nicht genügend zu kümmern, da viele geplanten ökologische Maßnahmen bisher gar nicht oder nur halbherzig umgesetzt worden sind. Das kann derzeit in Deutschland besonders gut an der Umsetzung einer Europäischen Richtlinie (EG-WRRL) zum Schutz der Gewässer beobachten werden.

Mit welchen Beschränkungen haben die Tiere in der Zukunft zu leben? Die meisten Biologen haben erfasst, dass wir in außerordentlichen Zeiten leben, nämlich im Zeitabschnitt des Massenaussterbens von Tier- und Pflanzenarten, allein verursacht durch die Menschheit. Bevölkerungswachstum und Raubbau an den Ressourcen sind dabei die treibenden Kräfte, die in den Klimawandel, in Lebensraumveränderungen und in die Invasion von nicht-heimischen Arten münden [5]. Beim Thema Klimawandel gibt es bereits eine Menge Literatur über ihre Folgen, etwa zu Veränderungen bei der Migration oder zum Brutverhalten von Vögeln.

Besonders belastend für den Planeten ist der Verlust der Artenvielfalt. Wenn eine Art ausstirbt, kann auf ihr Nutzen für die Umwelt oftmals nur noch indirekt gefolgert werden. Dazu kommt noch, dass invasive Tierarten (also „falsche" Arten, wie bei uns in Deutschland beispielsweise die Nutria, der Waschbär oder die Wollhandkrabbe) oft Jagd auf die heimische Fauna machen oder mit ihr konkurrieren. Es gibt sehr viele Beispiele von invasiven tierischen Arten, die die Zusammensetzung einer heimischen Artengemeinschaft nachteilig verändern. Leider ist hier eine Lösung nicht in Sicht. Die Natur muss diesen Schaden wohl selbst beheben.

Im Allgemeinen eliminiert oder beschränkt der Lebensraumverlust nicht nur Populationen, die von ihnen abhängig sind, sondern schränkt auch unsere eigene Fähigkeit ein, den Einwirkungen auf verschiedenartige Lebensräume entgegenzuwirken. Dies kann im großen Maßstab geschehen, wie auf Madagaskar, auf Hawaii- oder auf den karibischen Inseln, oder im kleinen Maßstab, wie etwa in einem Wald- oder in einem Bachsystem.

Umweltbelastungen beeinträchtigen das Aussehen, die Physiologie und das Verhalten von Organismen auf die verschiedenste Weise. Zum Beispiel können chemische Verunreinigungen aus kommunalen Kläranlagen zur Verweiblichung

von Fischen führen. Umweltgifte wie Weichmacher oder Kosmetika haben nämlich eine hormonähnliche Wirkung [6]. Arzneimittelwirkstoffe, wie zum Beispiel Diclofenac (ein Schmerzmittel in Tabletten- und in Salbenform), führen
zu Nierenschäden bei Fischen [7]. Viele dieser Stoffe werden nämlich von
kommunalen Kläranlagen bisher nicht zurückgehalten. Dazu bedarf es einer
vierten Reinigungsstufe, was ein teures Unterfangen ist und der Logik widerspricht, Schadstoffe dort zu eliminieren, wo sie anfallen, also beim Hersteller und
nicht erst in der Kläranlage, die durch die Allgemeinheit finanziert wird.

In innerstädtischen Bereichen gibt es das Problem, dass die Partnerwahl bei
Vögeln erschwert wird, weil die Weibchen kaum noch in der Lage sind, die Männchen zu verstehen, wegen der hohen Verkehrsdichte mit ihrer Geräuschkulisse [8].

Ein großes und bisher weniger beachtetes Problem ist die zunehmende Nähe
des Menschen zum Wildtier, die die Entstehung weiterer Zoonosen begünstigt.
Der zunehmende Kontakt zum Menschen verändert nämlich das Verhalten von
Wildtieren. Einige Wildtierarten zeigen am Anfang großes Misstrauen, während
andere fast naiv in ihren Reaktionen sind mit der Folge, dass einige Arten sich
an den Menschen gewöhnen und Krankheitsübertragungen so Tür und Tor öffnen
können. Insekten dominieren alle Schichten der Erde und spielen eine zentrale
Rolle in den Ökosystemprozessen. Etwa 80 % der Tierarten auf unserem Planeten
sind Insekten. Besonders hervorzuheben ist hier, dass Insekten Blüten befruchten,
dass sie Einfluss auf die Physiologie und Populationen von Pflanzen durch Fraß
nehmen, dass sie die Hauptfutterquelle für viele andere Organismenarten (Vögel,
Fledermäuse) sind und dass sie schließlich mehr Energie von Pflanzen auf Tiere
abgeben als jede andere pflanzenfressende Art [9]. Etwa 80 % der Wildpflanzen
verlassen sich auf die Insektenbestäubung und 60 % der Vögel nutzen Insekten als
Futterquelle [10].

Das Problem derzeit ist, dass ihre Artenzahl weltweit stark sinkt und zwar
auch in geschützten Gebieten. Darauf weist besonders eine Arbeit von [11] aus
dem Jahr 2017 hin, die weltweit für großes Aufsehen gesorgt hat. In den letzten
27 Jahren hat sich nämlich die Biomasse der Insekten in Deutschland um über
75 % verringert, und das in geschützten Arealen.

Die starke Abnahme der Insekten, was Artenzahl und Häufigkeit anbetrifft, ist
auf die intensive landwirtschaftliche Tätigkeit, auf den Klimawandel, auf Lebensraumverluste und deren Zerstückelung, auf invasive Arten, auf die Anwendung
von Insektiziden und auf Schadstoffbelastungen zurückzuführen [12]. Etwa 60 %
der Erdoberfläche unterliegt mittlerweile dem moderaten bis intensiven Nutzungs-
druck durch die Menschen [13].

Die Auslöschung der Insekten nimmt mittlerweile ähnliche Ausmaße wie bei
den Vögeln an. Bei den Vögeln sind seit dem Jahr 1500, mindestens 44.000 Arten
von der Erde verschwunden [14]. Das Jahr 1500 wurde als Beginn der „Neuzeit"
festgelegt, bedingt durch die sogenannte „Entdeckung Amerikas" im Jahre 1492
und durch der Erreichung Indiens auf dem Seeweg im Jahre 1498. Beide Ereignisse hatten weltweit einen großen Einfluss auf die Artenvielfalt, die bis heute
noch andauert.

Wie bereits erwähnt, sind Strategien zu Schutz von Insekten bisher kaum entwickelt worden. Die derzeitige Rate der Artenauslöschung ist tausend Mal höher als es der natürliche Hintergrund dazu hergeben würde [15].

Zwar wurden geschützte Bereiche für bedrohte Tierarten eingerichtet, um sie vor der weiteren Bedrohung durch Menschen zu schützen, aber das gilt bisher vornehmlich für Wirbeltiere und Pflanzen. Deshalb müssen Insekten verstärkt im Fokus von Schutzmaßnahmen stehen [16]. Die Frage ist, ob geschützte Gebiete (als letzte Zufluchtsorte) tatsächlich auch dem Schutz von Insekten dienen? Von 44 Studien, die sich mit der Artenvielfalt und Häufigkeit von Insekten inner- und außerhalb von Schutzgebieten beschäftigten, gaben nur vier Studien an, dass die geschützten Gebiete das Artenreichtum beförderten. Umgekehrt, gaben acht Studien eine höhere Artendichte bzw. Häufigkeit von Insekten außerhalb von Schutzgebieten an. Möglicherweise orientierte sich die Ausweisung von Schutzgebieten noch nicht nach der jetzt festgestellten Kalamität. Die Schutzgebiete wurden bisher eher danach geplant, Landschaften, Gefäßpflanzen oder große Wirbeltiere zu schützen [17].

Auf jeden Fall können größere und mehr in Verbindung stehende geschützte Gebiete hier weiterhelfen, vor allem auch die Folgen des Klimawandels bremsen [18]. Wenn allerdings andere Arten Insekten schaden, wie etwa der Rückgang einer Wirtspflanzenart oder die Anwesenheit eines nicht-heimischen Parasites oder eines Raubtieres, dann sind noch andere Maßnahmen gefragt [19]. Um Insekten wirksamer zu schützen bedarf es vier größere Schritte dazu [16]:

Erstens: Insekten müssen in den Managementplänen von bereits existierenden Schutzgebieten neu aufgenommen werden.

Zweitens: neue Schutzgebiete müssen ausgewiesen werden, die mehr insektenspezifische Lebensräume aufweisen,

Drittens: der Insektenschutz muss über die Schutzgebiete hinaus praktiziert werden, und.

Viertens: mehr in Insektenmonitoring Programme investieren.

Wenn unlängst die UN-Biodiversitätskonferenz in Montreal 2023 schon bis 2030 weltweit 30 % der Fläche an Land und in den Meeren unter Schutz haben möchte (auch das „30 × 30-Ziel" genannt), soll der Insektenschutz darin eine Sonderrolle spielen.

20.3   Schulden wir Menschen den Wildtieren etwas?

Zusammenfassung Wie geht es mit den Wildtieren weiter, wenn wir nur an das Unheil denken, welches sie „normalerweise", also ohne menschliches Zutun, in der Wildnis erfahren? Wenn aber das Leiden wilder Tiere oft nicht menschlichen Ursprungs ist, schulden wir den wilden Tieren dann etwas? Es gibt mächtige Stimmen, die dies bejahen. Wenn der Mensch aber versucht, das Leid und den Schmerz in der Wildnis zu mindern, wird dann vielleicht das Gegenteil davon erreicht werden? Wie steht es mit der Ansicht, dass Ungleichbehandlungen von Wildtieren gegenüber den Haustieren zurückgewiesen werden sollen mit dem Argument, dass die Interessen von allen fühlenden Tieren gleichrangig zu betrachten sind? Das sind Fragen über Fragen und der Versuch, darauf Antworten zu finden.

Dieses Kapitel beinhaltet eher philosophische Überlegungen zur Beziehung zwischen Menschen und Wildtieren ohne ein abschließendes Ergebnis anzubieten. Es werden dazu verschiedene Meinungen präsentiert, ohne sie zu gewichten. Am Ende bleibt es dem Leser überlassen, welche Argumente ihn überzeugen.

Wie geht es mit den Wildtieren weiter, wenn wir nur an das Unheil denken, das die Wildtiere in der Wildnis erleiden, die also nur durch natürliche Umstände verursacht werden? Gibt es daraus eine resultierende Verpflichtung für uns Menschen, ihnen zu helfen, wann immer es für uns machbar ist, dies zu tun?

Dieses Problem, obwohl eigentlich wichtig, hat bei uns Menschen traditionell bisher wenig Aufmerksamkeit erregt, im Vergleich zu anderen Themen, wie zum Beispiel die moralische Betrachtung der Ausbeutung vieler Haustierarten durch uns (Stichwort: Tierindustrie oder Massentierhaltung).

Hierzu ein Beispiel: angenommen es ist ein harter Winter. Der Boden ist eisig und von Schnee bedeckt und es herrscht ein strenger kalter Wind. Auf eine Koppel befinden sich zwei Pferde. Sie haben kein Wasser (weil es gefroren ist), keinen Unterstand und kein Futter. In der Ecke desselben Feldes, tief im Schnee, befinden sich zwei Rehe, eine Mutter mit ihrem Kitz. Den beiden Rehen ergeht es wie den beiden Pferden. Plötzlich kommt ein junger Wolf auf die Koppel und versucht das Rehkitz zu töten. Nach einigen Versuchen gelingt ihm dies auch.

Aus dieser Szenerie ergeben sich einige ethische Fragen: wenn ein Mensch vor Ort wäre, was sollte er tun? Sollte er den kalten und hungrigen Pferden helfen? Sicherlich! Wenn das so ist, sollte der Mensch auch den kalten und hungrigen Rehen helfen? Sollte der Mensch eingreifen und verhindern, dass der Wolf das Kitz tötet? Oder sind derartige Eingriffe falsch? Allgemein gefragt: welche moralische Verantwortung haben wir gegenüber wilden Tieren, wie etwa den Rehen, und ist diese so verschieden von der Verantwortung gegenüber Haustieren?

Die Gesetzgebung sagt deutlich, dass Haustiere nicht misshandelt werden dürfen. Hier ist der Fall klar. Der Pferdebesitzer ist folglich zu bestrafen, wegen seiner Nachlässigkeit (§ 17 Tierschutzgesetz). Schließlich standen die Pferde unter seinem Schutz. Das ist die rechtliche Seite, aber was ist mit der ethischen Seite? Sollten ethische Fragen in das Rechtssystem eingehen? Sollte das Leiden von Wildtieren geregelt werden, also, dass es eine Pflicht gibt, Wildtiere zu retten, beispielsweise vor einem Wolf [20]?

Den Begriff „Wildtier" kann man in drei Kategorien einteilen: a) Tiere, die nicht zahm sind, b) Tiere, die im Ödland leben und c) Tiere, die keine Haustiere sind.

Was schulden also wir den „wilden Tieren"? Ein grundlegender Punkt hat sich bereits abgezeichnet, der auch einfach zu verstehen ist. Es ist moralisch komplett falsch, wenn mit Absicht wilde Tiere ohne einen besonderen Grund verletzt oder misshandelt werden.

Wenn aber das Leiden wilder Tiere nicht menschlichen Ursprungs ist, wie oben mit dem Beispiel der Winterkälte skizziert, was schulden wir den wilden Tieren dann? Benötigen sie unsere Unterstützung und Fernhaltung von unnötigem Unheil? Haben wir die moralische Verantwortung, wilde Tiere zu füttern oder zu beschützen und sollte die Unterstützung sich unterscheiden von der moralischen Verantwortung gegenüber Haustieren? Um bei dem obigen Beispiel zu bleiben, hätte der Mensch den Pferden und den Rehen helfen sollen? Beide Arten litten in einer Weise, die von einem anwesenden Menschen leicht hätte behoben werden können. Es scheint so, als wäre das die beste Lösung gewesen. Aber es könnte auch so sein, dass diese Art der Intervention bei näherer Betrachtung nicht zu den besten Folgen geführt hätte? Was die Pferde anbetrifft, ist der Fall unproblematisch. Aber unterstellen wir, dass wir alle hungernden Rehe auf dieser Welt füttern würden und alle schmerzvollen Wolfsangriffe verhindern würden? Ein derartiger menschlicher Eingriff würde zu einer explosionsartigen Vermehrung der Rehpopulation führen und gleichzeitig die Wölfe in den Hungertod treiben. Dieser Eingriff könnte längerfristig mehr Leid in der Tierwelt erzeugen als weniger.

Letzten Endes ist die natürliche Welt, oder die Wildnis, voller Leid und Schmerz. Das ist Fakt, wie in den Kapiteln zuvor beschrieben. Wenn der Mensch versucht, das Leid und den Schmerz in der Wildnis zu mindern, dann bedeutet dies möglichweise, dass genau das Gegenteil erreicht werden wird und es nicht dazu führt, dass „weniger Leid" an erster Stelle steht. Es gibt Überlegungen wie es wäre, Fleischfresser (Raubtiere) allmählich durch Pflanzenfresser zu ersetzen [21]. Oder angenommen, wir könnten genetisch intervenieren, um Fleisch- in Pflanzenfresser umzuwandeln. Würden wir das tun? Es gibt Stimmen, die dafür sind, auch wenn das heute noch nicht möglich wäre, und auch wegen der Gesamtfolgen für das Ökosystem [21]. Aber das Prinzip ist klar. Wenn wir es könnten und wir würden nicht mehr Leid produzieren als es jetzt schon gibt, dann sollten wir es tun, und zwar von der Perspektive her, dass wir allen Tieren etwas schulden, wild oder nicht, ihr Leben, wie auch immer, etwas besser zu gestalten. Das würde auch bedeuten, dass wir die Existenz von Tieren verhindern, die das Leben anderer verschlechtern. Die Begriffe „Wildtiere" oder „Haustiere" wären folglich moralisch irrelevant geworden. Leiden ist Leiden, wo auch immer es stattfindet. Und wenn wir es lindern oder verhindern könnten (ohne entsprechendes Leid woanders zu erzeugen), sollten wir es tun.

Aber ist das nicht zu einfach gedacht? Hier gibt es nämlich einige wichtige Mensch-Tier-Verstrickungen. Menschen züchten Pferde nach bestimmten Merkmalen, die dazu führen können, dass sie Kälte empfindlicher werden als wilde Pferde, trotz eines Überzuges. Der beengte Überzug behindert außerdem die Schutz- und Futtersuche. Und da der Mensch diese Pferde in diese Lage brachte, ist er für sie verantwortlich. Hier ist die Sachlage völlig einfach. Aber die Wildtiere (hier die Rehe als Beispiel) sind in einer anderen Situation. Die Menschen haben die Rehe nicht gezüchtet und sie waren nicht beengt (wie die Pferde) und eingeschränkt. Ihr Leben ist vollkommen unabhängig von unserem. Deshalb gibt es auf dieser Basis weder eine Verpflichtung die Rehe zu füttern noch das Rehkitz vor dem hungrigen Wolf zu retten. Wir haben folglich keine Verpflichtungen Wildtiere zu schützen. Wenn der Mensch nämlich das unabhängige Leben von Wildtieren verhindert, dann erwachsen daraus für ihn besondere Verpflichtungen, sich um sie zu kümmern.

Diese Verantwortung tritt aber schon jetzt ein, wenn Wildtiere gefangen werden oder ihr Lebensraum zerstört ist. Daraus erwachsen ganz klar moralische Verpflichtungen für die Menschen, sich um die nun ungeschützten wilden Tiere zu kümmern. Genauso verhält es sich mit dem Klimawandel. Seine Folgen berühren auch das Leben der Wildtiere. Es gibt bereits Überlegungen, Wildtiere deswegen umzusiedeln. Aber eine derartige Praxis erhöht wiederum die Gefahr der Schaffung einer neuen Verwundbarkeit, weil eine Konkurrenzsituation zwischen der alten bestehenden und der neuen umgesiedelten Lebensgemeinschaft geschaffen wird. In derartigen Fällen ist es besonders wichtig, dem Ganzen eine genaue Betrachtung vorzunehmen, bevor geholfen wird.

Um aber noch auf noch einmal auf Stimmen einzugehen, wie beispielsweise die von [22], die von der Verpflichtung Wildtieren zu helfen nichts halten. Sie vertreten den Standpunkt, dass Tiere sich gegenseitig mit extremer Brutalität behandeln. Katzen zum Beispiel spielen mit der halbtoten Maus, anstatt sie schnell und sauber zu töten. Auch bei Löwen sind derartige „Spielchen" bekannt. Warum sollte also der Mensch dem Wildtier etwas schulden, wenn sie es gegenseitig auch nicht tun? Eine Antwort könnte sein, dass der Mensch vielleicht besser als das wilde Tier ist? Aber das würde bedeuten, dass wir nach Meinung dieser Autoren mehr tun würden, als es unsere Pflicht wäre und nicht weil wir den wilden Tieren etwas schulden.

Bisher sind Grundrechte für Tiere weder in Deutschland noch in anderen Staaten anerkannt. Tiere werden juristisch immer noch als „Sache" eingestuft. Ja, Tiere werden wohl nie das Recht der körperlichen Integrität erlangen und so werden sie wohl immer als unser Eigentum betrachtet. Tiere gelten im Privatrecht gemäß § 90a BGB zwar nicht als „Sachen" aber auf sie sind die für Sachen geltenden Vorschriften anzuwenden. Das bedeutet, dass die Menschen Tiere kaufen, besitzen, gebrauchen und töten können. Dies fördert aber den Missbrauch von Tieren und die Möglichkeiten, sie gefangen zu halten und ihnen Schmerz und Leid zuzufügen (Stichwort: Massentierhaltung).

Erst wenn die bereits bestehenden Grundrechte für Tiere auf Achtung ihrer Würde sowie ihrer Freiheit von Schmerzen und Leiden in das Grundgesetz aufgenommen und konsequent umgesetzt werden, können die Ausbeutung und das Leid der Tiere beendet werden. Grundrechte für Tiere müssen im Grundgesetz verankert werden.

Zum letzten Mal die Frage: was könnte der Mensch hier tun, gleichwohl wir bisher festgestellt haben, dass wir keine Verpflichtung haben in der Wildnis irgendwie einzugreifen, um etwas zu verhindern oder zu erleichtern? Die Natur wird nämlich von uns als ein Ort betrachtet, in dem die Vorgänge so ablaufen, wie sie es natürlicherweise sollten. Warum ist das so? Vielleicht, weil die Menschen glauben, dass die Tiere, die durch uns nicht ausgebeutet werden (als Gegen bei- spiel dient eine Tierfabrik), ein schöneres Leben haben? Schließlich und sehr wichtig festzustellen, haben die Menschen eine fehlgeleitete Vorstellung über die Tiere, die in der Natur leben. Der Begriff „Wildtiere" in unserer heutigen Zeit beschränkt sich auf große Wirbeltiere, wie etwa auf den afrikanischen Elefanten oder auf den Löwen. Alles in allem scheint es eine verzerrte menschliche Sicht über das Wildtierleben zu geben. Darüber hinaus, widerspricht der Anspruch, dass wir in der Natur eingreifen sollten, um das Leben von Wildtieren zu verbessern, dem Umweltdiskurs, der heutzutage so verbreitet ist, dass wir die Natur besser in Ruhe lassen sollen. Für [23] geht es nicht darum, ob der Mensch eingreifen soll oder nicht, sondern darum, welche die Ziele wären, die wir bei einem Eingriff verfolgen. Umweltschützern geht es um den Schutz von Ökosystemen, Lebens- gemeinschaften und um Landschaften. Für sie dient ein Eingriff in der Natur nur, um die genannten Güter zu erhalten. Diese Menschen lehnen die Idee, dass einige Arten wertvoller als andere sind, ab.

Andere Menschen, die betroffen vom Leben in der Wildnis sind, argumentieren dagegen, dass wir uns um die Interessen von empfindungsfähigen Wesen kümmern müssen. Tatsächlich kann man sich vorstellen, dass die Interessen von Wildtieren moralisch wichtig sind, sodass daraus gefolgert werden kann, dass nach unseren moralischen Erwägungen die Interessen von Wildtieren genauso zu berück- sichtigen sind wie unsere eigenen Belange. Sie weisen Ungleichbehandlung von Wildtieren gegenüber den Haustieren zurück und argumentieren, dass die Interessen von allen fühlenden Individuen gleichrangig zu betrachten sind. Das bedeutet, dass es vollkommen gleichgültig ist, um welche Tierart es sich dabei handelt.

Es ist wahr, dass wir in vielen Fällen den Wildtieren nicht helfen können, weil das unsere derzeitigen Kräfte übersteigt. Aber es gibt viele andere Ereignisse, bei denen es möglich ist, sie zu unterstützen. Jahr für Jahr gibt es viele Meldungen über gefangene Tiere oder Tiere, die Opfer eines natürlichen Unglücks geworden, dann aber von Menschen gerettet worden sind. Um das Ganze noch auf eine höhere Ebene zu heben, gibt es bereits verschiedene Initiativen, die sich zum Bei- spiel um Weisen von Wildtieren kümmern, Futter zu verhungernden Wildtieren bringen oder medizinische Hilfe für verletzte oder kranke Wildtiere leisten. Es gibt mittlerweile auch erfolgreiche Impfprogramme gegen verschiedene Wildtierkrank- heiten, wie zum Beispiel gegen Tollwut oder Tuberkulose.

Nachfolgend nun ein Fall, der für Impfprogramme für Wildtiere spricht. Der Kalifornische Kondor (*Gymnogyps californianus*) ist eine langlebige Art mit einer nur geringen Vermehrungsrate. Deshalb darf seine Sterblichkeitsrate pro Jahr nicht über 10 % liegen [24]. Weil er aber über Jahre bei der Nahrungsauf- nahme mit Blei belastet wurde, sank seine Anzahl stetig. Das Blei stammt aus ver- schossener Munition, die bei der Jagd in der Umgebung zur Anwendung kam. Um das Problem dauerhaft zu lösen, war es zunächst wichtig, das Blei künftig aus der Munition herauszulassen [24].

Um nun das Aussterben der bedrohten Kalifornischen Kondore definitiv zu verhindern, die mühsam von zuletzt nur noch 8 Exemplaren wieder auf eine

Stückzahl von 600 Vögeln hochgepäppelt worden ist, möchte das US-Landwirtschaftsministerium sie nun gegen Vogelgrippe impfen (https://brf.be/international/1725710/), nachdem durch diese Krankheit bereits wieder ein Dutzend Kondore gestorben sind. Das Problem wir aber dabei sein, wie lange diese Immunität anhalten wird.

Um dieses Problem des Leidens systematisch anzugehen, hilf ein Artikel von Oscar Horta, ein Moralphilosoph und derzeit Professor an der Universität von Santiago de Compostela und einer der Gründer der Organisation „Animal Ethic" (Wikipedia unter https://en.wikipedia.org/wiki/Oscar_Horta), der das Problem des Übels in der Natur untersucht hat. Die meisten Wildtiere sterben kurz nach der Geburt und führen ein erbärmliches Leben. Nach seiner Ansicht, gibt es dem Menschen das Recht hier zu intervenieren, um derartige Entwertungen zu mildern. Auch Mikel Torres (Professor an der Baskischen Universität in Bilbao) bläst in das gleiche Horn mit seiner Ansicht, dass wir dazu verurteilt sind, Wildtieren zu helfen, zumindest wenn die Natur außer Kontrolle gerät. Andere Autoren wiederum meinen aber, dass der Mensch nicht zu weit gehen sollte. Dazu gehört Stjin Bruers (Gründer des Zentrums für Rationalität und Ethik in Antwerpen). Er akzeptiert das räuberische Verhalten und die R-Reproduktionsstrategie (viele Nachkommen, aber nur wenige schaffen das adulte Stadium) weiterhin gelten muss. Diese Fälle sollen erlaubt sein, auch wenn dadurch viel Leid in der Natur erzeugt wird, um möglicherweise größere Verluste an Artenvielfalt zu vermeiden.

Die Hoffnung ist auf die Zukunft gerichtet. Eines Tages gelingt es uns vielleicht die Macht zu haben, das Leben auf der Erde zu verändern und eine mitfühlende Verantwortung für unsere Wildtiere zu erreichen, wann und wo immer es machbar ist.

Obwohl es vermutlich eine Übereinstimmung gibt, dass der Mensch keine Verpflichtung hat, die naturgegebenen Qualen der Wildtiere abzuschaffen, sollte er die Interessen der Wildtiere respektieren und in seinen künftigen Planungen berücksichtigen [23].

Ob aber diese Idee weiterverfolgt wird, glaube ich derzeit nicht, erst recht, nachdem wir wissen, wie Nutztiere immer noch bei uns in Deutschland behandelt werden. Das aktuellste Beispiel liefert derzeit das Küken-Schredder-Verbot, eine gut gemeinte Absicht der Deutschen Bundesregierung, das sinnlose Töten von männlichen Küken zu verhindern. Es gilt seit dem 1. Januar 2022 und was sind die Folgen bis heute? Die männlichen Küken werden jetzt ins Ausland transportiert, um dann dort grausam geschreddert zu werden. Hier treibt das Profitstreben wieder seine seltsamen Blüten.

Literatur

1. Tomasik B (2015) The importance of wild-animal suffering. Relations. Beyond Anthropocentrism 3(2):133–152
2. Ladan SI (2014) Examining human wild life conflict in Africa. In International conference on biological, civil and environmental engineering (IICBEE-2014). S 102–15. Dubai (UAE)

3. Statistisches Bundesamt (Destatis). Gesamtkatalog 2023

4. Gwaram MY, Tijjani BI, Mustapha S (2005) "Climate Change: its Implications on food security and environmental safety". Biol and Env Sci J Trop 1(2):160–164

5. Caro T, Sherman PW (2011) Endangered species and a threatened discipline: behavioural ecology. Trends Ecol Evol 26(3):111–118

6. Tyler CR & Filby AL (2011) Feminized fish, environmental estrogens, and wastewater effluents in English Rivers. Wildlife Ecotoxic: Forensic Apch 383–412

7. Memmert U, Peither A, Burri R, Weber K, Schmidt T, Sumpter JP, Hartmann A (2013) Diclofenac: new data on chronic toxicity and bioconcentration in fish. Environ Toxicol Chem 32(2):442–452

8. Ortega CP (2012) Chapter 2: Effects of noise pollution on birds: A brief review of our knowledge. Ornithol Monogr 74(1):6–22

9. Seibold S, Rammer W, Hothorn T, Seidl R, Ulyshen MD, Lorz J, Müller J (2021) The contribution of insects to global forest deadwood decomposition. Nature 597(7874):77–81

10. Wagner DL (2020) Insect declines in the Anthropocene. Annu Rev Entomol 65:457–480

11. Hallmann CA, Sorg M, Jongejans E, Siepel H, Hofland N, Schwan H, De Kroon H (2017) More than 75 percent decline over 27 years in total flying insect biomass in protected areas. PLoS ONE 12(10):e0185809

12. Van Klink R, Bowler DE, Gongalsky KB, Swengel AB, Gentile A, Chase JM (2020) Meta-analysis reveals declines in terrestrial but increases in freshwater insect abundances. Science 368(6489):417–420

13. Unnerstall T (2021) Landnutzung. Faktencheck Nachhaltigkeit: Ökologische Krisen und Ressourcenverbrauch unter der Lupe. Springer, Berlin

14. Dunn RR (2005) Modern insect extinctions, the neglected majority. Conserv Biol 19:1030–1036

15. Di Marco M, Venter O, Possingham HP, Watson JE (2018) Changes in human footprint drive changes in species extinction risk. Nat Commun 9(1):4621

16. Chowdhury S, Fuller RA, Dingle H, Chapman JW, Zalucki MP (2022) Migration in butterflies: a global overview. Biol Rev 96(4):1462–1483

17. Maxwell SL, Cazalis V, Dudley N, Hoffmann M, Rodrigues AS, Stolton S, Watson JE (2020) Area-based conservation in the twenty-first century. Nature 586(7828):217–227

18. Oliver TH, Marshall HH, Morecroft MD, Brereton T, Prudhomme C, Huntingford C (2015) Interacting effects of climate change and habitat fragmentation on drought-sensitive butterflies. Nat Clim Chang 5(10):941–945

19. Thomas JA, Simcox DJ, Clarke RT (2009) Successful conservation of a threatened Maculinea butterfly. Science 325(5936):80–83

20. Palmer CA (2012) What (if anything) do we owe wild animals? Between the Species 16(1):4

21. McMahan J (2010) "The Meat Eaters". The New York Times, September 19. http://opinionator.blogs.nytimes.com/2010/09/19/the-meat-eaters/

22. Block WE & Craig S (2017) Animal torture. Rev Soc Econ Issues 1(4)

23. Faria C & Paez E (2015) Animals in need: The problem of wild animal suffering and intervention in nature. Rel: Beyond Anthropocentrism 3:7

24. Walters JR, Derrickson SR, Michael Fry D, Haig SM, Marzluff JM, Wunderle JM Jr (2010) Status of the California Condor (Gymnogyps californianus) and efforts to achieve its recovery. Auk 127(4):969–1001

Kapitel 21
Kuriosität

Zusammenfassung Mit dem SETI-Programm wird nach intelligentem Leben im Weltall gefahndet. Dabei wird erwartet, dass Organismen einer außerirdischen Biologie zumindest die Fähigkeiten entwickelt haben, die den unsrigen entsprechen, um in der Lage zu sein, mit uns zu kommunizieren. Was aber, wenn es im Universum nur so von schönen Wasserwelten wimmelt, bevölkert mit super intelligenten Delfinen ohne Greiforgane und ohne jede Technologie? Dann wird jede Suche nach ihnen fehlschlagen. Es zeigte sich, dass Produkte der animalischen Ingenieurskunst sich in der Funktion oft nicht von Menschen entwickelte Instrumente unterscheiden. Haben Tiere möglicherweise Kommunikationssysteme entwickelt, um aus größeren galaktischen Entfernungen vernommen zu werden? Ist es daher für eine angeblich nicht-intelligente Spezies nicht auch möglich, so etwas ähnliches zu entwickeln wie ein Radio als Sender? Findet etwa die Kommunikation mit Außerirdischen ohne uns bereits statt?

Mit dem Programm SETI (**S**earch for **E**xtra**t**errestrial **I**ntelligence) wird nach außerirdischer Intelligenz gefahndet. Dieses Programm existiert seit 1984. Die Fachwelt wunderte sich darüber, dass bisher fast nur Physiker sich mit diesem Thema beschäftigt haben [1]. Weder Evolutions- noch Paläobiologen haben bisher für dieses Arbeitsgebiet Interesse gezeigt oder lehnten diese Theorie sogar vollständig ab, dass es anderswo im Weltraum humanoides intelligentes Leben gibt, so wie wir es kennen.

Das SETI-Programm zielt darauf ab, dass Organismen einer außerirdischen Biologie wissenschaftliche und technische Fähigkeiten entwickelt haben, die den unsrigen entsprechen, um in der Lage zu sein, mit uns zu kommunizieren. Dazu gehört ein starkes Maß an Logik, die Fähigkeit zur Datenspeicherung, Werkzeugbau auf hohem Niveau und die Stationierung anspruchsvoller elektronischer Instrumente. Die Argumente der Biologen sind nun, dass die menschliche Entwicklung nur einmal passieren konnte, ähnlich wie bei den Dinosauriern, und das SETI-Programm daher nutzlos sei. Außerdem ist es extrem unwahrscheinlich, dass die Intelligenz sich auf verschiedenen Planeten zeitlich überlappt.

© Der/die Autor(en), exklusiv lizenziert an Springer-Verlag GmbH, DE, ein Teil von Springer Nature 2023

G. Gellert, *Die Wildnis und wir: Geschichten von Intelligenz, Emotion und Leid im Tierreich*, https://doi.org/10.1007/978-3-662-68031-5_21

Das Problem ist, dass in der SETI-Gemeinschaft Intelligenz in der Abwesenheit von Wissenschaft und Technologie nicht als tragfähig betrachtet wird. Was wäre aber, wenn nach [2] es im Universum nur so von schönen Wasserwelten wimmelt, bevölkert mit super intelligenten Delfinen oder Walen, ohne Greiforgane und ohne jede Technologie? Dann wird jede Suche nach ihnen fehlschlagen. Es ist aber bekannt, dass viele Tierarten hervorragende Ingenieure sind (etwa bei der Luft- und Temperaturkontrolle in Termitennestern, bei der Navigationsfähigkeit von Bienen und von Zugvögeln oder bei der Kommunikation zwischen Meerestieren mit elektrischen Signalen). Man kann mit recht annehmen, dass diese Tiere Bordcomputer haben, die die ankommenden Informationen verarbeiten. Auf diese Weise zeigen diese Tiere Systeme an, die durchaus das Produkt von Menschen sein könnten. Das wichtige daran ist, dass die Produkte der animalischen Ingenieurskunst sich in der Funktion oft nicht von Menschen entwickelte Instrumente unterscheiden. Tatsächlich aber lösen einige Sensoren in der Tierwelt sogar Probleme, die die menschliche Ingenieurskunst bisher noch nicht gelöst hat. Und wenn die Menschen ein gleiches Problem gelöst haben, hat das die Tierwelt schon lange vorher geschafft. Beispiel: eine vor 250 Mio. Jahren vor dem Menschen ausgestorbener Trilobit (eine krabbenähnliche Art) entwickelte eine besondere aplanatische Augenoptik, also ein besonderes Linsensystem, um unter Wasser besser sehen zu können.

Die Botschaft dieser und zahlloser anderer Errungenschaften ist, dass die Tiere alles das können was wir mit technischer Hilfe auch können, nur viel früher und besser. Können Tiere ohne Intelligenz Radios bauen? Haben Tiere möglicherweise Kommunikationssysteme entwickelt, um aus größeren Entfernungen vernommen zu werden? Die gegenwärtige Strategie der Suche nach Außerirdischer fußt darauf, dass die ausgesendeten Signale stark genug sind, um woanders im Weltraum empfangen zu werden. Das basiert auf der Erkenntnis, dass die Menschheit ungewollt (auch durch Radio und Fernsehen) Funkwellen in den Weltraum aussendet, die von Außerirdischen aufgenommen werden können. Ist es daher für eine nicht so intelligente Spezies nicht auch möglich, so etwas ähnliches zu entwickeln wie ein Radio als Sender?

Es ist bekannt, dass eine Reihe mariner Fischarten Radiosignale übermitteln [3]. Leider wurde dieser Versuch bisher nicht wiederholt. Aber die Möglichkeit der Radiokommunikation unter Tieren auf unserer Erde kann nicht ausgeschlossen werden.

Eine Reihe von Haifischen, Robben und Aale nutzen elektrische Felder zur Jagd und zur innerartlichen Kommunikation. Der Impuls kann eine Höhe von 600 V erreichen. Derartige Fische können sinusförmige Entladungen aussenden mit einer stabilen Wiederholungsrate von 100 bis zu 1.800 Hz. Wie visuelle, erscheinen auch elektrische Systeme in der Evolution entstanden zu sein. Die Zutaten für eine effektive Radiokommunikation sind in der tierischen Welt deutlich vorhanden und es ist vielleicht nur noch eine Frage der Zeit, wann dieses Kommunikationssystem in unserer Biosphäre entdeckt wird?

Machen wir ein Gedankenexperiment: stellen wir uns vor, wir wären intelligente Schmetterlinge, die in einer Welt leben, die von skrupellosen Vögeln eingefallen wird. Unsere Wissenschaftler und Ingenieure haben einige mögliche Lösungen in dieser Welt entwickelt (hoffentlich!!!), die zur Herstellung und Einsatz defensiver Maßnahmen führen würde. Angenommen, wir könnten einige manipulative Fähigkeiten entwickeln, so könnte die Lösung so aussehen, dass wir Pigmente an unseren Flügeln anheften würden (falls unsere Schmetterlingswissenschaft zu diesem Zeitpunkt weit genug entwickelt wäre). Genauso gut könnten wir unseren genetischen Kode so verändern, dass künftige Generationen mit einer natürlichen Tarnung aufwachsen würden. Noch müssen die Schmetterlinge ohne unsere Hilfe auskommen. Deshalb wenden sie die effektive Methode der Selektion an. Diese Art der Anpassung ist genauso effektiv wie eine Methode, die von menschlicher Intelligenz stammt. Man kann das Ergebnis der Selektion auch als eine Art von Intelligenz bezeichnen. Die bewusste Intelligenz (von Ingenieuren) hat große Vorteile gegenüber dem Unbewussten (durch natürliche Ausleseprozesse), weil es auf Probleme viel schneller reagieren kann. Aber in Zeiträumen von Millionen oder Milliarden Jahren spielt das keine Rolle. Ein wichtiges Element der anspruchsvollen Ingenieurskunst bei Tieren ist, dass diese Systeme über hunderte von Millionen Jahren stabil sind. Das steht in scharfen Kontrast zu den Systemen, die von der menschlichen Intelligenz entwickelt werden. Deshalb, aus der Sicht von SETI, ist es viel wahrscheinlicher, dass tierische Systeme anderswo im Weltraum sich zeitlich mit unserer Technologie überlappen.

Literatur

1. Raup DM (1992) Nonconscious intelligence in the universe. Acta Astronaut 26(3–4):257–261
2. Tarter J (1985) "Searching for Extraterrestrials," pp.167–199 of Extraterrestrials: Science and Alien Intelligence, Edited by Regis E Jr, Cambridge University Press. Cambridge
3. Moffler MD (1972) Plasmonics: Communication by radio waves as found in *Elasmobranchii* and *Teliostii* fishes. Hydrobiol 40:131–143

Schlusswort

Dieses Buch zu schreiben hat mir sehr viel Freude bereitet. Vieles habe ich dabei noch gelernt. Besonders hat mich die afrikanische Termitenart beeindruckt, die sechs Meter hohe Nester baut, bei einer Körpergröße von nur etwa 1,5 mm und dazu noch vollkommen blind. Auch die Oktopusse mit ihren genialen Methoden werde ich nicht mehr vergessen. Aber die Eigenschaften anderer Tierarten aus diesem Buch fallen dagegen kaum ab. Mein Respekt vor den Mitbewohnern unseres Planeten ist wirklich noch gestiegen. Es tat mir Sehr leid auch zu erfahren, welchem Stress Wildtiere ständig ausgesetzt sind. Die Natur ist schon sehr grausam. Was macht man mit diesen Erkenntnissen?

Für mich gilt, dass ich den gestiegenen Respekt vor Wildtieren an meine Mitmenschen weitergeben möchte mit dem Ziel, dass auch künftige Generationen diese Wunder noch mit eigenen Augen erleben können. Wie sähe unser Planet aus, wenn er irgendwann vollkommen ausgeplündert sein wird? Leider freuen sich viele schon auf den Klimawandel, weil dann auch Rohstoffe in der Arktis abgebaut werden können, die bisher noch unzugänglich sind. Gleiches gilt für die Planung neuer Schiffsrouten aus dem vorgenannten Grund. Vielleicht geschieht doch noch etwas Unvorhersehbares, das unsere Mentalität schlagartig verändern wird. Lediglich weiter auf die menschliche Vernunft zu bauen, wird wohl nicht mehr genügen. Hoffen wir also darauf!

© Der/die Herausgeber bzw. der/die Autor(en), exklusiv lizenziert an Springer-Verlag GmbH, DE, ein Teil von Springer Nature 2023
G. Gellert, *Die Wildnis und wir: Geschichten von Intelligenz, Emotion und Leid im Tierreich,* https://doi.org/10.1007/978-3-662-68031-5

Stichwortverzeichnis

© Der/die Herausgeber bzw. der/die Autor(en), exklusiv lizenziert an Springer-Verlag GmbH, DE, ein Teil von Springer Nature 2023
G. Gellert, *Die Wildnis und wir: Geschichten von Intelligenz, Emotion und Leid im Tierreich,* https://doi.org/10.1007/978-3-662-68031-5

Zahnwal, 11, 24, 44, 88
Zebra, 5
Zoonose, 107, 108, 132
Zoopharmakognosie, 115
Zugschmetterling, 69

Zugvogel, 68
Zukunft, 28, 80, 109, 120, 121, 129, 131, 138
Zusammenarbeit, 15, 46, 48, 49, 59, 61, 68,
    80, 91, 94, 109

Printed in the United States
by Baker & Taylor Publisher Services